大学数学ガイダンス

数学セミナー編集部［編］

日本評論社

はじめに

高校を卒業して大学に進学すると，いったいどのような数学を学ぶのでしょうか？ また，高校数学との違いや大学での勉強方法などについて，不安に感じたこともあるかも知れません．そんな皆さんのために，とっておきの情報をご用意しました．

月刊誌『数学セミナー』(日本評論社)では，大学に新入生が入学する時期を中心に，数学の学び方や分野紹介などを特集としてお届けしています．本書は，増刊やいくつかの特集をベースに，大学数学を学ぶ際の心構えや，学部3年生までに講義で扱う分野の解説と書籍の紹介，身につけておきたいさまざまなことなどを1冊にまとめたものです．

- 『数学ガイダンス2018』(数学セミナー増刊)
- 「大学数学のキーポイント」(2019年4月号・5月号)
- 「コロナ時代の数学」(2020年12月号)
- 「数学とのつきあい方」(2023年4月号)

大学で数学を学びたい・研究してみたい方だけでなく，大人になって数学を改めて学び直したい方，物理学・工学・情報科学など，周辺分野で数学を使いたい方にとっても，有用な1冊になることを目指しました．本書を出発点に，ぜひ大学数学の世界に親しんでもらえると嬉しいです．

2024年2月

数学セミナー編集部

目次

第1部

大学数学への心構え

大学数学の学び方

大田春外
●静岡大学名誉教授

厳しい受験戦争を勝ち抜いて来た新入生の中には，数学を学ぶとは問題を解くことだと思っている者が多い．堂々と「教科書では最初に問題を解きます．解けないときだけ説明を読みます」という者がいる．とっさに「君はレストランでご馳走を食べずに，勘定だけ先に払うのか」と返したのだが，私の真意は伝わっただろうか．問題が解けることは大切だが，受験数学と大学数学では学び方に異なる点がある．入学試験では，一定の時間内に自分の力だけで正解を導くことが求められる．一方，大学における普段の勉強では，時間は無制限である．また，図書館で参考書を調べたり，スマホを使って情報を検索したりすることも自由である．研究室を訪ねて教授に質問することもできる．さらに，誰もまだ正解を知らない問題に取り組むこともある．

本で学ぶ

数学の研究者や数学を使う職業に就いている人に聞くと，本を読んで数学がわかったという人が多い．一冊の本を読むことで，進路が決まったり，人生が変わることもある．私も偶然に読んだ数学書によって，思わぬ形で数学に関わる仕事を続けることになった．そこで，本で学ぶことから本稿を始めようと思う．

大学レベルの数学書は，大体，定義と定理と証明から構成されている．したがって，本で学ぶときには，それらを順に読んで理解して行くことになる．冒頭で紹介したような新入生は最初に問題に目が向くかもしれないが，数学書のメインディッシュは定義と定理と証明である．

数学書を開いてみよう．最初に，用語の定義が与えられる．学生からの質問を受けていると，定義を読んでいないか，もしくは正しく理解していないことが多い．定義を正しく理解するコツは具体例を考えることである．たとえば，連続性と一様連続性の定義の違いがわからないときは，連続関数と一様連続関数の例を考えてみるとよい．例は具体的で簡単であるほどよい．2次関数 $y = x^2$ が連続であるが一様連続でないことに気付くことができれば，正しく理解できたといえるだろう．的確な例は定理よりも雄弁なときがある．また，具体例を知ると知識が定着したように感じられる．私は，赤信号を見たら止まるように，定義を見たら例を考えることを習慣にしていた．

次に，定理とその証明に進もう．数学の特徴は，証明された命題だけを真と認めることである．簡単にいえば，数学のすべての主張には理由がある．たとえば，等式の変形では，すべての等号にそれぞれ理由がある．証明を読む際には，それらの理由をたしかめながら読む必要があるが，本では初歩的なことは省略されている場合が少なくない．下の例は，実数の連続性から，実数の集合 $\mathbb{R}$ が通常の距離に関して完備であることを導く証明の最初の部分である．

証明● $\mathbb{R}$ の任意の基本列 $\{x_n\}$ がある点に収束することを示す．最初に，集合 $\{x_n : n \in \mathbb{N}\}$ は有界だから，その部分集合も有界である．したがって，各 n に対して，実数の連続性から(以下略)．

上の証明において，集合 $\{x_n : n \in \mathbb{N}\}$ が有界であることは基本列の定義から導かれるが，その証明が省略されている．この事実を知っていれば通過してよいが，初めての場合は証明を補って読む必要がある．その際，2つの用語「基本列」と「有界」の定義を理解しておく必要があることはいうまでもない．初学者の場合は補うことが多いので時間がかかる．しかし，一度証明しておくと，次からは同じ箇所では困らない．時間を要しても，確実に理解しながら進むことが早道だと思う．ときには，ある１行が理解できないことがある．行き詰まったときは，図書館などで同じ定理が載っている他の本を何冊か見てみると，自分にあった説明に出会うものである．他の本を見ることで理解が深まることもある．また，教員に質問してもよい．学生の中には自力で考えることにこだわる者もいる．その姿勢は立派だが，知識が少ない段階で考えることは，素手で戦っているようなものである．ゲームにたとえると，早い段階では，使えるものは何でも使って，戦うアイテムを手に入れることも１つの作戦ではないだろうか．

本を読むスタイルは人それぞれである．自室でひとりで読むことを好む人もいるが，適度に人の目があるところの方が集中できるという人もいる．スタバなどで勉強している人は後者だろう．証明をノートに書きながら考える人が多いが，あまり書かない人もいる．まったく書かずに考える数学者を知っている．また，精緻な証明を生み出す数学者のノートが，恐ろしく乱暴な字で粗雑に書かれていて驚くこともよくある．数学的能力とノートの美しさの間には相関関係はないようである．私は計算用紙に書きながら考えて，理解した証明をもう一度整理してノートにまとめていた．時間はかかるが頭の中も整理されるような気がしたからである．また，理解した定理には赤鉛筆で下線を引いていた．これは，動物が自分のテリトリーにマーキングする行動に似ている．テリトリーが広がっていくのは嬉しいものである．

数学書を読み進めて行くと，定理の条件を別の条件に変えるとどうなるだろうか，もっと簡単に証明する方法はないだろうか，この命題の逆は成立するだろうか，といったことを考えるようになる．あれこれと考えながら証明を読んでいると，単に数学を学ぶというよりも，数学そのものをしている実感がわいてくる．その証明を考えた数学者の思考を追体験しているのかも知れない．これらのことは，自分が証明をするときの練習にもなる．そして，最後まで読み終えると，数学がわかった気分になるものである．数学書を読むことは登山にたとえられる．山麓を歩いている間は五里霧中で苦しい時間が長いが，頂上に立つと視界が広がるからだと思う．

私の場合，ノートを作りながら１冊の本を読み終える時間の目安は約１年である．今の言葉でいえば，極端にタイパが悪いが，数学は勉強した分だけ確実に理解が進む学問だと思う．数学以外の研究者と話していると，「勉強をすればするほど疑問が生まれて，よくわからなくなった」というようなことをいう人がいるが，数学では聞いたことがない．一方，これまでに出会った大学院生や研究者の中には，数学書を1か月で読むという人が何人かいた．最短は10日で読むという人もいた．おそらく，細部を埋めなくても本の骨子を理解できる力があるのだと思う．私には到底真似のできない芸当である．その人たちの10倍の時間がかかるときには，10倍に拡大して数学を観察していると思うことにしていた．

初めて数学書に挑戦する場合は，本を選ぶことが大切である．分野ごとにそれぞれ定評のある本がある．学生の場合は，その分野の教員や先輩からアドバイスをもらうことを勧める．自分で選ぶときは，薄くて余白が多く，一見やさしく見える本は曲者である．証明が省略されているからである．読者が良書に巡り会って，数学の世界へ旅立つことを願っている．

授業で学ぶ

数学専攻や数理系の卒業生に聞くと，大学数学の授業の評判はすこぶる悪い．私の授業を受けた卒業生の中にも，会うたびに「先生の授業はまったくわかりませんでした」という者がいる．お前がまったく勉強しなかっただけではないかと思うが，口には出さない．学生は授業を受ければ数学がわかると期待している．他方，教員は数学は自分で勉強しない限り理解できないと信じている．このギャップが悪評の原因だと思う．

教科書を使う授業の場合，教科書に書いてあることは読めばわかるのだから，授業では教科書に書かれていないことだけを話そうと心に決めている教員はどの大学にもいる．授業としては面白いかも知れないが，自分で勉強しない限り，その科目は理解できないだろう．逆に，教科書の内容をまったく変えずに，そのまま話したり書いたりするだけの教員もいる．学生は「こんな授業なら出席するよりも，下宿で自分で教科書を読んでいる方がましだ」と思うが，案外そう思わせることが狙いだったりする．もちろん，ていねいな授業をする教員も多い．教科書に沿って，定義には例を与えて，証明の細部まで説明する．しかし，それは本来学生が自分で考えるべきことを，教員が与えているといえなくもない．

私の学生時代の経験でも，授業だけで数学がわかった記憶はない．ところが，ある程度知識がある科目の授業を受けると面白い．思わぬ視点からの解説に目から鱗が落ちる思いをすることもある．結論をいえば，予習をして授業に臨むべきである．授業までに教科書を読んで，疑問点や知りたいことを授業中に質問すれば，教室の全員にとって有意義な数学の授業になると思う．いつから始めるか．それは今でしょ！

前節では，数学書を読むことを登山にたとえた．授業をそのガイドブックだと考えて，登りたい山が見つかったら，自分の力で登頂することが大学数学を学ぶよい方法だと思う．

余談 1 ●数学書のスタイルのルーツは，ギリシャ時代に書かれたユークリッドの『原論』にさかのぼる．それを読んだプトレマイオス王の言葉「もっと簡単に幾何学を学ぶ方法はないのか」に対して，ユークリッドが「幾何学に王道なし」と答えたという逸話は，真偽の程はさておき有名である．現代においても，数学の学び方は，その時代から少しも変わらないように思う．将棋や囲碁の世界では，AI による研究法の変化が目覚ましい．数学でも，AI の発達などによって，学び方が変化する日は来るのだろうか．それとも，王道は永遠に存在しないのだろうか．

余談 2 ●大学数学を学ぶことによって，高校までの数学がより明確に理解できることも多い．私は高校生になっても，負の数と負の数の積が正の数になることの理由がよくわからなかった．数直線上を右や左へ進む人や，収入と支出の関係を使って説明することはできたが，特別な場合にこじつけた説明であるような気がして，なぜ，一般に成立するのか納得が得られなかった．

大学で解析学の教科書に出会って，実数全体が完備順序体として定義されることを知った．そもそも，高校までは，実数に定義が必要だということにも考えが及ばなかった．数直線を実在する物のように思って，実数とはその上の点のことだと信じて疑うことがなかった．その教科書には，体の任意の

2要素 a と b に対して，等式

$$(-a)\cdot(-b) = a\cdot b \tag{1}$$

が成立することが命題として書かれていた．実際に証明を試みると，体の公理から等式(1)が導かれた．このとき，初めて負の数と負の数の積が正の数であることを得心した．

余談3●前世紀にトポロジー・モスクワ学派の指導者であったP. アレクサンドロフの追悼文[1]を読む機会があった．彼は1913年9月に17歳でモスクワ大学数学学部へ入学したが，その当時のことが書かれているので紹介しよう．

> アレクサンドロフは大学では，根気よく勉強する，能力のある若者だった．中等学校時代に真剣に勉強することによって，解析学，非ユークリッド幾何学，天体力学を知ることができていた．その結果，彼には大学1学年課程の講義に何も新しいものがなく，講義で述べられていたのは最良の形ではまったくないことがわかった．そのために数学図書室で多くの時間を過ごし，G. カントルの集合論についての論文集を読み，やや後になってベールの不連続関数についての小さな本を読んだ．その本によって，彼はカントルの完全集合を知ったが，それはただちに，それ以来ずっと「もっとも偉大な奇跡，まさに人間精神によって発見された奇跡の一つ」と考えていた．

参考文献

[1] コルモゴロフ，グネジェンコ共著，馬場良和訳，「アレクサンドロフの追悼文」，『ルーチシェ』2004年秋季号，ユーラシア数学教育研究会．

講義を最大限に生かすには

竹山美宏
●筑波大学数理物質系

本稿では，主に大学1・2年生に向けて，大学での数学の講義を最大限に生かすための方法を提案する．ここで提案するのは理想的な方法で，実践するにはまとまった時間が必要だ．学費や生活費を自分で賄わなければならないなど，やむを得ない事情で十分に時間が取れないとしても，どうか数学の勉強をあきらめないでほしい．以下で述べることを，できる範囲で自分の学習に取り入れてもらえばよい．

何を目指すのか

講義を受ける目的が何であるかによって，それを生かすための方法も違うだろう．本稿では，大学で学ぶ数学をきちんと身につけることを目的として設定する．では「数学をきちんと身につける」とは，具体的にはどのようなことだろうか．

数学に限らず，学問は正しさを他者と共有する営みである．数学の場合，さまざまな命題の正しさは，証明によって実現される．そして証明は，概念の定義を土台にして論理を組み上げたものだ．

簡単な例を挙げよう．「nが偶数の素数ならば$n=2$である」という命題を証明する．偶数とは2の倍数のことであり，素数とは1と自分自身のほかに約数をもたない2以上の整数のことである．これらは「偶数」と「素数」の定義だ．そして，これらの定義から，先ほどの命題は次のように証明される．n が偶数の素数であるとする．偶数の定義から n は2の倍数であるから，2は n の約数である．そして，素数の定義から n の約数は1と n のみである．1と2は異なるから，$n=2$ である．

このように，数学の命題は，概念の定義から出発して論理を組み上げることによって証明される．だから，論理の道筋をひとつひとつ検証しながらたどり，証明の全体を深い納得とともに把握できれば，自分のなかに正しさが打ち立てられるだろう．

この正しさを他者と共有するのが，学問の次の段階である．数学では，正しさを分かちあう手段として，論理を記述する言葉と数式を使う．問題を解くときには，言葉と数式だけで考えるのではなく，概念の直感的なイメージを働かせることもある．しかし，論文を書くときなど，正しさをきちんと共有しなければならない場面では，他者の感性に訴えるようにイメージを伝えるのではなく，「かつ」「または」「ない」「すべての」「存在する」といった論理を記述する言葉と，書きかたの規則に従った数式を使わなければならない．

以上のように，自分のなかに正しさを築き上げ，言葉と数式で他者と共有できるようになることを，本稿では講義を受ける目的として設定する．

大学の講義は難しい

ここで現実的な話をする．

大学では卒業資格を得るためにクリアしなければならない条件（卒業要件）が決められている．この条件には「単位の取得」が必ず含まれる．

単位とは，どれだけ学習したかを示す量である．それぞれの授業について，学習すべき内容を身につけたことが認められると，その授業に設定された単位が得られる．たとえば，1学期間に開講される週1コマの微積分の講義で一定の成績を収めると2単位得られる，という具合である[1]．

1）ここで挙げたのは一例で，大学および授業内容によって，授業時間数と対応する単位数は異なる．

では，1単位とはどの程度の量の学習内容に対応するのか．これは大学設置基準という省令で定められていて，「一単位の授業科目を四十五時間の学修を必要とする内容をもつて構成すること」が標準となっている[2)]．よって，授業の単位数に45を掛けた値が，その授業で学習する内容を身につけるのに必要とされる時間数である．たとえば，2単位の授業なら，その内容を身につけるのには2×45＝90時間の学習が必要だと想定されている．

ところが，この時間数と，実際の授業時間(授業1回あたりの時間と授業回数の積)は異なる．実際の授業時間は，(単位数)×45で計算される時間数の3分の1から2分の1くらいだろう．このことは，大学の授業で学ぶ内容を身につけるためには，実際の授業時間に加えて，それと同程度から2倍ほどの時間をかけた自習が必要であることを意味する．

だから，大学での数学の講義が，高校や予備校と比べて難しく感じられるからといって，「自分には数学の才能がない」などと落胆することはない．そもそも大学の講義は，授業時間だけで内容を完全に消化できるようには構成されていないのだ．だから，講義を最大限に生かすためには，授業時間以外にするべきことも考える必要がある．

講義の聴きどころ

以上のことを踏まえて，講義を最大限に生かすための具体的な方法を提案しよう．

講義に出席したら，教員の話を聴きながらノートを取る．ノートの取りかたについては後ほど述べることにして，ここでは数学の講義で特に注意して聴くべきポイントを挙げる．

(1)　新しい概念の動機づけ

概念は何らかの関心や問題意識から生まれる．動機づけとは，これらにつ

2）大学設置基準第二十一条．e-Govのサイト(http://www.e-gov.go.jp/)で検索すると見られる．

いての説明である．たとえば，

> 実数の絶対値は数直線上での原点との距離を表す．そこで，複素平面上での原点との距離を，複素数の絶対値と定義しよう

という説明なら，前半の「実数の絶対値は … 表す」が複素数の絶対値の定義に対する動機づけである．

新しい概念は，なぜそれを導入するのかがわからないと，なかなか頭に入ってこない．だから，動機づけの話はしっかり聴いておくとよい．

(2) 概念の定義とイメージ

数学の概念は論理の言葉を使って定義される．しかし，その言葉で表現されている考えかたを，定義そのものだけから読み取るのは難しい．そこで，定義を述べた後に，その概念の直感的なイメージを図などで説明することが多い．

しかし，定義とイメージを混同してはならない．たとえば，「関数 $f(x)$ が $x=a$ において連続であるとは，$y=f(x)$ のグラフが $x=a$ のところでつながっていることだ」という説明は，連続性のイメージを述べたものであって定義ではない．連続性の定義は，論理記号を使うと次のように書かれる．

$$\forall \varepsilon > 0,\ \ \exists \delta > 0,\ \ \forall x : |x-a| < \delta \Rightarrow |f(x)-f(a)| < \varepsilon$$

既に述べたように，問題を考えるときには概念のイメージが役に立つことも多い．しかし，問題に対する自分の答えを書き下して他者に伝えるときには，上のような論理の言葉で書かれた定義を使って議論を進めなければならない．だから，新しい概念のイメージをつかむことに加えて，その定義を正確に記憶する必要がある．

(3) 定義に関する具体例

数学で扱う概念には，ある特定の性質に名前をつけたものが多い．性質の

記述は抽象的な表現にならざるをえないから，その理解を助けるために具体例を挙げることがある．次の説明を読んでほしい．

> 完全数とは，正の約数の和がそれ自身の2倍に等しい整数のことである．たとえば，6の約数は1, 2, 3, 6で，$1+2+3+6=12$は6の2倍に等しいから，6は完全数である．また，18の約数は1, 2, 3, 6, 9, 18で，$1+2+3+6+9+18=39$は18の2倍である36と等しくないから，18は完全数でない．

ここでは，完全数という概念が「正の約数の和がそれ自身の2倍に等しい」という性質をもつ整数として定義された．そして，完全数の例として6が，完全数でない整数の例として18が挙げられ，それぞれの数が完全数であること(ないこと)の理由が述べられている．

このような具体例の話が始まったら，それが何の例として挙げられているかを必ず押さえよう．

(4)　命題の仮定と結論

多くの命題は仮定と結論の二つの部分からなる．たとえば，「nが3で割り切れない整数ならばn^2を3で割った余りは1である」という命題の仮定は，「nは3で割り切れない整数である」で，結論は「n^2を3で割った余りは1である」である．

命題が述べられたときは，まず仮定と結論が何であるかを押さえ，それらに含まれる数学用語の定義を思い出しておく．その命題の証明では，必ずどこかで仮定が使われる．また，結論を押さえておかないと，議論の進む方向がわからず証明を追いづらい．もし定義を思い出せない用語があれば，ノートに印をつけておいて，後できちんと復習しよう．

(5)　命題に関する具体例

高校までの数学の授業では，公式や定理の説明の後に，それを利用する例として問題の解きかたを説明する．同じことは大学の数学の講義でも行われることがあるが，本稿の最初に述べた意味で数学を身につけるためには，命題に関する以下のような例についても理解しておく必要がある．

まず，命題が正しいことを確認するための例である．たとえば，前項で述べた命題「n が 3 で割り切れない整数ならば n^2 を 3 で割った余りは 1 である」については，たとえば 3 で割り切れない 4 と 5 の 2 乗を，実際に 3 で割ってみると，余りが 1 であることを確認できるだろう．このような例をどれほどたくさん挙げても証明にはならないが，命題の正しさを実感するのには役立つ．

次に，ある命題が偽であることを示すための反例である．「P ならば Q」の形の命題が偽であることを示すためには，P であるが Q でない例をひとつ挙げればよい．このような例を反例という．たとえば，「n が 0 以上の整数ならば n^2+n+41 は素数である」という命題は偽である．その反例として $n=40$ が挙げられる．ある命題が偽であることを学んだら，偽だという事実だけでなく，そのことを示す反例についてもしっかり理解しておく．

命題に関する具体例の説明も，(3)で述べたのと同様に，それがどのような例として挙げられているかを意識しながら聴くとよい．

(6) 証明の詳細

命題の証明が述べられている間は，ただ聴いているのではなく，ひとつひとつの段階を自分で検証しながら話を追っていく．「○○だから××だ」と説明されたら，「なぜ○○だったら××なのか」と考える．また，証明のなかで命題の仮定がいつ使われるかに注意する．さらに，すでに証明した命題が使われるときには，いまの議論においてその命題の仮定が満たされているかどうか確認する．

このようにしながら証明を聴いていて，もしわからないことがあれば，その場で教員に質問してもよいし，ノートにメモをして講義の後で尋ねてもよい．

ノートに取るべきこと

講義を受けるときは話を聴きながらノートを取る．それは講義の内容を記録するためだ．前項で講義の聴きどころを挙げたが，これらすべてが黒板（もしくはホワイトボード）に書かれるとは限らない．よって，板書をそのまま写すだけでは十分でなく，口頭で説明されたことも，自分で内容をまとめてノートに記録する必要がある．

たとえば，定義のイメージを説明するときに図を使うことがある．このとき教員は，ただ黙々と図を描くのではなく，同時にたくさんのコメントもしているはずである．しかし，それは黒板には書かれないだろう．だから，図を写しながら，重要なコメントはノートに書き加えておく．

また，証明のなかでも，議論の詳細がすべて黒板に書かれるとは限らない．「○○だから××である」と黒板に文章で書いておいて，そうである理由は口頭で説明されることもあるだろう．これは，詳細をすべて書くと読みにくい文章になってしまうなどの理由による．そのような説明もノートの余白にメモするとよい．

必ず復習する

本稿の前半で説明したように，大学では，授業時間の1〜2倍ほどの自習をすることが想定されている．数学の講義については，なるべく多くの自習時間を復習に使うのがよいだろう．

復習では，まずノートを完成させる．板書の内容に加えて，口頭で説明されたことを書き下す．また，時間の都合で講義では十分に説明されず，詳細については教科書を参照するように指示されることもある．この場合は教科書の該当する部分を読んで詳細をノートに補っておこう．

ノートを完成させるときは，なるべく易しく書く．ただし，正しさをおろそかにしてはならない．学問は「正しさを他者と共有する営み」であることを思い出そう．論理の言葉と数式を使ってノートに説明を書き下すことは，正しさを他者と共有する練習にもなる．きちんと説明できないところは，まだ自分が理解できていないところである．オフィスアワーなどを利用して担当教員に質問するとよいだろう．

復習ではさらに以下のこともしておくとよい．

まず，教科書を読むこと．大学の講義では，教科書の内容すべてが説明されるとは限らない．講義の内容に関連する部分を読んで，理解を深めよう．受験勉強と同じように，教科書の練習問題をなるべくたくさん解くのもよい．

次に，講義で導入された概念の定義を覚えること．次回の講義では，すでに導入した概念を使って話が進められる．重要な英単語の意味がわからないと英文の内容はつかめないのと同じで，概念の定義を覚えておかないと，議論を追うのが難しくなる．

最後に，その講義で述べられた命題の証明の流れを，何も見ないで再現する練習をすること．特に，概念の定義や命題の仮定，以前に証明した別の命題が，証明のどこで使われているかを押さえて，全体の流れを頭のなかに入れておくとよい．そうすれば，自分のなかにしっかりした正しさが築かれるだろう．

高校や予備校と違って，大学の授業はやや不親切に感じられるかもしれない．それは，大学が「自分がわからないこと」に自ら動いて対処する練習をする場でもあるからだ．大学での数学がわからなくなって途方にくれたときに，本稿が体勢を立て直すヒントになると嬉しい．

数学書の選び方・読み方

齋藤夏雄
●広島市立大学大学院情報科学研究科

数学書の選び方や読み方について書いてほしい，と編集部から依頼を受けたとき，まず思ったのは「こちらが教えてほしい」ということでした．学生時代，特に大学1,2年生のころにもう少し数学の学び方が分かっていれば，今の自分は数学をより深く理解できるようになっていたのではないか，と思うことは少なくありません．そんな私が，数学の本をどう選びどう読むかについて説くという任に堪えられるとは到底思えませんが，若いころにもっとこうすればよかったという反省も込めて少し述べてみたいと思います．

数学書を選ぶ

数学を勉強しよう，と思い立った人がまず戸惑うのが，どの本を読んだらいいのか分からない，ということです．大きな本屋に行けば，数学書が本棚にびっしりと並んでいます．この中から自分に合った1冊を見つけ出すのは，容易なことではありません．

当然のことながら，万人にピッタリという数学書があるはずはありません．現時点で数学の力がどの程度あり，数学のどの分野にどれくらい興味や関心を抱いているかは一人一人異なり，それによってその人に適した本も変わります．本稿では，高校数学を一通りマスターしたうえで，いよいよ本格的な数学の世界に分け入っていこうと考えている大学1,2年生をモデルとして想定することにします.

数学の本を吟味する際，いわば評価項目として

- その本が扱っている数学的内容
- その本の書き方のスタイル

という要素が考えられると思います．ここでは前者はひとまずおき，数学書がどのようなスタイルで記述されているのかということに注目してみましょう.

本屋で何冊か手にとって中身を眺めてみれば分かると思いますが，数学の本の書き方には特有のスタイルがあります．最も多いのは教科書スタイルで，「定義」があり，さらに「定理」や「命題」があってそれに「証明」が続くという様式で書かれているものです．一方これとは別に，「定義」や「定理」といった見出しがほとんど現れず，自由なスタイルで説明が書かれている数学書も一定数存在します．最近では，文章全体が会話形式になっているようなものもよく見かけます．さらに，数学的な説明は控えめで，その代わりに数学者にまつわるエピソードや数学以外の分野への応用などに力点を置いているような本もあります.

数学を学ぶうえで，まずは教科書スタイルの本を読むことが王道であるのは論を俟ちません．初めて見る人にとっては何だか堅苦しくて，最初はとっつきにくく感じられるかもしれませんが，長い目で見ればこの様式が数学を記述するのに最も適しており，理解しやすいものなのです．数学をしっかり学ぼうと思うなら，どうしてもこのスタイルに慣れていかなければなりません.

しかし，だからといって，もっと自由な様式で書かれた本が数学の勉強に向いていないというわけではありません．教科書スタイルと自由形スタイルはそれぞれによさがあります．可能であれば，ある分野に対して両方のタイプの本を用意して臨むのが一番よいのではないかと思います.

数学の勉強や研究は，しばしば登山にたとえられます．基礎的な内容を土台にして一歩一歩高みを目指すさまは，たしかに山登りに似ているといってよいかもしれません．数学者には山登りが好きな人が少なくないのも，そのことと無縁ではないでしょう．

山に登ろうというとき，地図や空撮写真だけを見て登山をしたと思う人はいません．一方，何の情報も装備もなく，ただ目に入った登山道を登り始めたところで，途中で挫折することは目に見えています．普通は，まず地図や登山道についての情報などを調べて，どの山をどういうルートで登っていくかを決めるでしょう．そして十分な装備を調えて現地へ向かい，ひとたび登山を始めたら，途中で休憩を挟んだり地図を確認したりしながら，根気よく登っていくことになります．

数学の勉強を登山になぞらえたとき，数学書のさまざまなスタイルは，ちょうどこの登山のいくつかのフェーズに対応しているように思います．あくまで山登りとは自分の足で一歩一歩山道を踏みしめて登ることであり，それは時間をかけて教科書スタイルの数学書を読んでいくことに相当します．しかし，これから学ぼうとしている分野がおおよそどんな内容なのかという漠然とした情報すらなければ，自分が今何をやっていてどこへ向かおうとしているのかも分からなくなり，早晩行き詰まってしまいかねません．そこで，少し高い場所から見下ろしたり，他の山(分野)との関係を概観したりするために，自由形スタイルの本があると考えればいいでしょう．

こうしたことを踏まえてみると，自分が今どういう本を選べばよいかが少し見えてくるのではないでしょうか．もしある分野に対してすでにある程度のイメージや情報があり，いよいよその内容を本格的に勉強してみようというのであれば，ぜひ本来の数学の記述様式である教科書スタイルの本に挑みましょう．一方，たとえば授業ですでに教科書として指定された数学書をすでに持っているが，それだけではどうもよく分からないと感じているなら，もう少し自由な書き方をした本を副読本的な位置づけとして選んでみてはどうでしょうか．こうした数学書は興味深いトピックをいくつか採り上げる形で書かれていることが多いので，その分野を体系的に学ぶという目的にはあまり合わないかもしれません．しかし，無味乾燥に見える定理にどういう意味があり，どう役立つかを実感させてくれるので，自分が今どこにいてどこへ向かおうとしているのかが分かり，勉強しようというモチベーションを与えてくれます．数学をやってみたいと漠然と考えてはいるが，何を勉強したらいいかもよく固まっていないという場合でも，こうしたタイプの本は向いていると思います．

さらに，本屋で本を選ぶ際に判断の目安になると私が思うことをいくつかあげておきます．

ある程度の厚さの本を

昨今は，短時間で分かったような気になれることを何よりも優先するきらいがあります．とにかく手っ取り早くマスターしたいという要求に応えるべく，数学書もページ数を抑えた薄い本がよく出るようです．しかし，ページ数が少ないということは，その分だけ削られた内容があると見ることもできます．もちろん，厚ければ厚いほどよいというわけではありません．ただ，じっくり数学に取り組もうというのであれば，見るからに薄い本を選ぶのはあまり適切ではないように思います．

まえがきに目を通そう

数学の本はどれも，読者の数学的な知識や能力についてある程度の想定をし，そのレベルの読者に向けて書かれています．数学書のレベル設定と読む人の数学的能力の間に大きなズレがあると，いくら頑張ってみても書いてあることがまるで分からずに途方に暮れる，ということになりかねません．

その本がどういう数学的知識を前提として書かれているかは，たいていまえがきに書かれています．まえがきは，その本があなたにどのくらい向いているかを判断するための重要な情報源になります．「高校卒業程度の数学を予備知識として持っていれば，本書を読むのに十分である」とか，「本書は，大学初年次の微積分，線形代数学を修得した人を読者として想定している」といったことが，きっとどこかに書かれているはずです．こうした記述を確認しておくことで，数学的内容のレベルについてのミスマッチをある程度防ぐことができるでしょう．

「例」は理解を助ける

教科書スタイルの本を選ぶ際には，定義や定理に加えて「例」が書かれているかを見てみてください．多くの場合，定義や定理の文章はきわめて抽象的で，読んでみてもまるでピンとこないということが少なくありません．こんなとき，定義を満たす数学的対象や定理が成り立つ状況の具体例があげられていると，乾いた表現の向こう側にどういう意味が隠されているかが少し見えて，そこで扱われている内容に対する自分なりのイメージを持ちやすくなります．これは理解を深めるためには非常に大切です．

見た目も気に入ったものを

装丁のデザイン，文字のフォントや図の美しさ，使われている紙の品質……いずれも，本の内容とは関係のないことです．しかし個人的には，こういう要素も案外大切なのではないかと思っています．数学書は，一度買えばずっと長い間つきあうことになるもの．ページを開いたときの印象がよければ，時間が経ってもまた目を通してみようという気になるでしょう．また見た目を気に入っていれば，ページをめくるときの質感や，ページのどのへんに書かれているかといった視覚的情報と数学的内容がリンクし，頭の中に残りやすくなります．こうしたことは，タブレット端末が一般的になった今日においても紙の本を持つ理由の一つになり得るように思います．

数学書を読む

数学の本をどう読んでいけばよいかということは，すでに多くの方々に語り尽くされている感があります．たとえば『新・数学の学び方』(小平邦彦編・岩波書店)には，日本を代表する数学者の先生方が数学にどう取り組むべきかをさまざまな観点から書いておられますし，最近では竹山美宏先生が『数学ガイダンス 2018』(日本評論社)で，数学書の読み方についてコンパクトにまとめておられます．今さらつけ加えるようなことは何もないのですが，私なりに思うことをごく簡単に述べてみます．

傍らにノートを

大学の講義で黒板やホワイトボードを使うことは，今ではずいぶん少なくなりました．しかし数学だけは，最初から最後まで講義ノートをひたすら板書していくスタイルが生き残っています．それはおそらく，これが数学を伝えるのに最善の方法であると教える側が信じているからなのです．実際，紙芝居のように数学の定理や証明をプロジェクタで映して見せられても，聴く人の頭には多分ほとんど何も残らないのではないでしょうか．「書く」という行為は，数学の理解そのものと深く結びついているのです．

数学書を読むときも，ノートを傍らに用意し，読みながら書いていくことは非常に有効です．最初は，本の内容をそのまま写すだけでもよいのです．そして，疑問点を書き込んでみたり，本で省略されている計算を余白でちょっと確認してみたりします．これはきっと理解の大きな助けになるでしょう．

具体例を考えてみよう

先ほどもふれましたが，抽象的に書かれた定理や証明にとまどったとき，そこで記述された主張が成り立つ具体例をいろいろ考えてみることで，少し霧が晴れてくることがあります．ある特定の状況にピントを合わせることで，あちら側の抽象世界と自分の知っているこちら側の世界につながりができ，理解へのとっかかりをつかむことができるのです．もっとも，自分で適切な具体例を考えるというのは，実際はそんなに簡単なことではありません．まずは本に出ている「例」を足場にするのがよいと思います．慣れてきたら，定理の仮定を緩めたときに結論が成り立たないような具体例ができないかも模索してみましょう．ここまでできれば立派なものだと思います．

分からなければいったん寝かせておく

数学の本というのは厳密な議論を組み立てる形で書かれている以上，証明はすべて完璧に理解してから先に進むべきである……もちろんこれが理想です．しかし，現実にはなかなかそううまくいかないもの．証明の途中でどうしても理解できず先へ進めなくなるという事態は，数学を勉強していれば誰しも経験したことがあるのではないでしょうか．

安易に飛ばしてしまうのはあまりよくありませんが，いつまでもスタックして動けないでいるくらいなら，どうしても理解できない箇所はいったん寝かせておいて先へ進んだ方がよいと思います．議論がこのあとどのように展開していくのか，全体像をつかむことであとから疑問が氷解することもあります．大事なのは，どこが分からなかったのかを認識しておくこと，そして折に触れ考え直してみることです．

誰かと一緒に読もう

数学書を読み進めていくうえで何より心強いのが，一緒に本を読む同士の存在です．独りで読んでいると，どうしても理解に苦しむ部分が出てきたり，この考え方でいいのか自信が持てなくなってきたりします．こんなとき，本の内容について気軽に話し合える人が身近にいれば，疑問点を共有し，力を合わせて取り組むことができます．また，相手が分からないところを説明することで，自らの理解もより深めることができます．何より，読んだ内容について話し合える人がいるというのは，本を読み進める強力なモチベーションになります．

もし自分の友だちに，数学に興味を持っていそうな人がいれば，一緒に読もうと誘ってみてはどうでしょうか．現時点での数学の力が自分と同じくらいで，ささいなことでも気兼ねせずに尋ね合うことができる人が一番です．もしそんな友人を見つけることができれば，それだけで数学書を理解するという目標に大きく近づいたといってもいいでしょう．

さて，ここまで書いてきたことを実践したとして，果たして数学書を隅から隅まで理解できるようになるでしょうか？ 残念ながら，おそらく答えはノーです．それどころか，結局何だか分かったような，分からないような……というもやもやばかりが残るかもしれません．しかし，それでいいのではないかと私は思うのです．

「分かる」とか「理解する」という言葉はしばしば誤解されがちですが，何事かを理解するということは段階的なものであり，分かるか分からないかという二項対立ではありません．理解にはレベルがあって，何も知らない状態から時間をかけて少しでも深い理解を目指すのが，学ぶという営みです．

私の乏しい経験から考えるに，数学的内容がある日突然パッと理解できるようになるということは，実際のところほとんど起きません．連続的にゆっくり色が変わっていく映像を見ても変化に気がつきにくいのと同じように，分からない，分からないと言いながら考えているうち，本人も意識しない間にいつの間にかある程度の理解に到達している，数学の理解というのはそういうものなのではないかと思います．もし意識的に「分かった」と思える状態にまでなったとしたら，「分かる」という言葉の意味を勘違いしているのでない限り，相当なレベルまで理解が進んだと考えてよいでしょう（数学者の言う「分かる」は，世の中で一般的にこの言葉が使われるときの意味合いよりはるかに深いのです）．

だから，もし数学書を一生懸命読んだのにどうも分かった気がしないと感じても，あまり悲観することはありません．あなたの数学の力は，頑張って取り組んだ分だけ確実に読む前より上がっており，そのことに気がついていないだけなのですから．

大学数学とどう付き合うか
大学数学の意義

永井保成
●早稲田大学理工学術院

「大学数学を学ぶ意義ってなんなんだ!?」と言われれば，答えてあげるが世のなさけ…などと半ばやけっぱち気味に書き出してはみたものの，執筆依頼を安請け合いして少し途方に暮れています．「大学数学の意義について」というのが依頼の趣旨ですが，大学数学の意義？ そもそも「意義」ってどういう意味でしょう．『デジタル大辞泉』によれば「意義」とは

1. 言葉によって表される意味・内容．
2. その事柄にふさわしい価値．値うち．

とありますが，この説明，何を言っているのか，にわかにはさっぱりわからない…大学数学の意義を問うということは，大学数学の持つ価値は何か，と問いかけることだということなんでしょうか？ しかし，面と向かって誰かに「大学数学を学ぶ意義はなんですか？」と訊かれる場面を想像してみれば，この文句には，もうすこしなんというか，なじるような，非難めいた色が浮かぶようにも感じます．私の被害妄想でしょうか，「大学数学なんて苦労して勉強して何になるの？」と真顔で詰め寄られているような気がしてきました．それならば，私は，大学数学を学ぶことの重要性を擁護しなければなりません．

何に使えるの？

まず，個人としてのあなたが数学を学ぶことの重要性を説得しようとするならば，その「メリット」について語るのが一番手っ取り早いでしょう．いわゆる「何に使えるか／何の役に立つのか」というやつです．しかし，これにはいくつもの言い古された答えが用意されています．線形代数や微積分などの基礎的な数学はありとあらゆる理工系分野で陰に陽に利用されています．特に，情報やコンピュータの分野では原理的に，数学的な設計がつねに必要であり，数学の下支えがなければ，インターネットやスマートフォンにどっぷり浸った我々現代人は一秒たりとも生活できないでしょう．経済学でもゲーム理論などの数学理論に立脚した研究は今日ではもはや常識であるといいます．金融の世界でこの数十年，確率・統計理論が実際の業務(平たく言えば金儲け)の面で大きな役割を果たしてきたこともよく知られています．さらに近年では，いわゆるビッグデータやAIなどとのつながりから統計学が(個人的にはやや過熱気味とも思えるほどの)大ブームを迎えています．このように，実際に数学が役に立っている場面は枚挙に暇がないのであって，そこに現れる数学を習得すれば直ちに「役に立つ」ことは請け合い，いや，というよりはむしろ，数学がわからなければモノにならない，と言うべきでしょう．しかしそんなことは，私がここに書く前からありとあらゆる場所で言い尽くされているので，そういう説明をしても，きっと「何に使えるのか」に答えたものとはみなされないのでしょう．なんとなく理不尽な気はしますが．

「いやでもさ，そういうふうに役に立つ数学は，応用の利く一部の『善玉数学』なんであって，大学の数学の講義でときどき先生が念仏のように唱える定理の証明(悪玉数学！)は，やっぱり役に立たないんじゃないの？」という声が聞こえてきそうです．実際，何年か前，私が線形代数の講義を受け持っていて，「$\mathbb{R}^n$ の部分空間の基底をなすベクトルの個数は，基底のとり方によらず一定である」ことの証明[1)]を30分程度かけて述べている最中に，板書して

1）念のために言うと，ベクトル空間の次元の概念が矛盾なく定義できることを保証するもので，とてつもなく重要な定理です．

いる背後から学生の誰かが，比較的前の方に座っていた学生だと思うのですが，「ハァアァ」と深い深いため息をついたのが聞こえてきたという経験があります．その学生からすれば，こんな「意味不明な」定理の証明を30分も聞かされるというのは，まずそれ自身が苦痛であるし，それで結局「何の役に立つのか」もわからないといった気持ちだったのでしょう．少なくとも，そういうネガティブなオーラが教室じゅうに充満しているのを私は感じ取ったわけです．たしかに大学の数学は時として，高校の数学と比べて格段に抽象的で，定理やその証明がしつこくついて回るのも事実であり，しかもそれらの定理が工学やらお金儲けやら，有名企業や流行りの職種への就職やらの役に立つものにはとても見えないというのもその通りだと思います．そこで数学者や数学の教員が必ず持ち出すのが「数学を学ぶことによって得られる論理性，構築性といったスキルは普遍的なものであって，適用範囲がとてつもなく広いので，たとえ数学を専門としない人生を歩んでも，そこはかとなく役に立つのだ」というようなリクツです．これはこれでもちろん間違ったことは言っていないのですが，「何に使えるの／何の役に立つの？」というような問いかけをする人に対する答えとしては，ほとんど説得力はないのでしょう．

なぜ「意義」を問うのか？

でもちょっと待ってください．そもそも，なぜあなたは「大学で数学を勉強する意義」を問い質すなんて無茶をするのですか．あなたはサッカーをするときに「サッカーをする意義」を問うでしょうか？　音楽を聞くときに「音楽を聞く意義」なんて問題にするでしょうか？　アニメを見るときに「アニメを見る意義」？　なぜ数学は「意義」を問われなければならない対象なのでしょうか．どうしても「意義」を問わねばならないほど数学を，ひいては大学で教えられる学問分野を学ぶことに疑問符がつくのなら，あなたは大きな問題に直面していると言えます．私にとっては，数学をはじめとする諸学問を学ぶことこそが，大学に在籍することの本義（本来の意義）ですから，あなたこそ「なぜ大学に在籍するのですか」と問われなければならないということになります.

まあいいです．それを言い出したら互いに異なる立場からいくらでもヘリクツの応酬を続けることが可能でしょう．でもそれは私の望むところではありません．勉強との関わり方，大学との関わり方には幅広くいろんなあり方が認められてしかるべきですものね．大学に入ってなにかの理由で大学の数学を学ばねばならなくなったなら[2)]，どうやって数学と付き合っていくのがよいかの話をしようではありませんか．ちょうど，サッカーに例えていうならば，サッカー観戦の楽しみ方，見どころはなにか，基礎練習の楽しいやり方のコツと応用法といったようなことについて考えてみましょう．

数学は暗記科目？——何もかも覚える

私は，勤め先の大学で学部２年生に教える代数学の入門講義で，毎年初回に「この講義は暗記科目です」と言うようにしています．なぜかと言えば，いわゆる抽象代数学では，次々に新しい概念が現れるので，その定義を正確に覚え，使いこなせるようになることが絶対必要不可欠だからです．ですので，期末試験も，全体の半分ぐらいは定義や基本的な例を述べさせる問題を出していて，それが全部正解できれば単位が取れるような基準にしてあります．数学が暗記科目であるかどうかについては，受験勉強の武勇伝や失敗談と関連して，一家言持っている人が少なくありません．私が「暗記科目だ」と主張すると「数学は考えさせる科目ではないのですか!?」と反論してくる人もいます．もちろん私が「暗記科目だ」と言い切るときには，「えっ？　そうなの？」と思わせようとして意図的にキャッチーな言い方をしているわけで，ここではもう少し掘り下げて考えてみたいと思います．

暗記科目とはいっても，もちろんやみくもに丸暗記すればいいと思っているわけではありません．こんなエピソードがあります．あるとき，上で出てきた代数学の入門講義の試験の出来が悪かった学生に，「ただ覚えて書くだ

2）大学生の，あるいはこれから大学生になる『数学セミナー』の読者は，数学に対してもっと積極的な姿勢であるに違いありませんが.

けなんだからやればできるんではないですか」と(わざと)聞いてみたことがあります．すると，この学生は次のように答えました．「先生，覚えるといっても，結局，定義や定理の言っている意味が理解できなければ，覚えられないんですよ．」 試験にはしくじっても，この回答は100点満点だと思いました．ここで私が「暗記する」というのは，三角関数の加法定理をコスモスが咲いたの咲かないのなんのと言って覚えようとする，そういうことを言っているのではないのです．むしろ私はそういうやり方を蛇蝎のように嫌っているぐらいです．数学における暗記というのはつねに理解とセットであり，理解するから暗記できる，暗記するから理解できるというような相補的な関係になっています．

「OK，定義や基本的な定理の内容を記憶することは，それを使いこなしていくために必要不可欠だというのはわかった，でもそこから先の数学は『考える科目』なのでしょう？」と言うかもしれません．でも私の答えはNOです．本当に数学を理解し，使いこなせるようになろうと思うなら，定義や定理の主張を記憶したら，次は定理や命題の証明を全部覚えましょう．とりあえず目指すところは，何も見なくても，講義で習ったこと，本に書いてあることを全部自分でいちから作り直せるようにすることです．大学数学ができるようになる早道は，明らかに，何もかも覚えることなのです．教科書には，大抵の場合，あなたが自分自身で思いつく議論よりも巧妙でスッキリした議論が書いてあるもので，それがいわゆる「スジの良さ」というものです．スジの良さも含めて暗記で自分のものにしてしまおうというわけです．

考えどころはどこなのか

では，大学数学を勉強するとき，いつ何を考えれば良いのでしょうか．大学数学に限らず，数学の問題を解こうとして「考える」とき，私達は何をしているのでしょうか．ほとんどの場合は，習った公式や定理をいかにして当てはめれば与えられた問題が解けるのかということを考えているのではないでしょうか．実際，数学者が数学の論文を書こうとして，なにか欲しい定理や命題の証明を完成させようとするときにも，ほとんどの時間を既知の定理や論法などのうまい組み合わせを探す作業に費やしていると言ってもよいと思います．この手の作業は，言ってみればある種のパターンマッチングです．知的な単純作業の一種とも言えるもので，「考える」とは言っても，深い思考に沈み込んでいく種類のものではありません．ちょうどパズルを解くときに「考える」というのと同程度の意味で「考えている」状態と言えばよいでしょうか．そういう頭の使い方は，それはそれで数学の楽しさでもあるわけですが，パズルを楽しみたいだけであれば，なにも難しげな大学数学を題材にする必要はないとも言えます．つまり，そこには大学数学の真の意義があるとは言えないのではないかと私は思います．

私は，数学を勉強していて，最も頭を使い，また，最も心がときめくのは数学を組み立てる議論の「アイデア」に触れたときだと感じます．数学者にとっては，それまで誰も知らなかった新しい「アイデア」を見つけることが研究の究極的な目標になります．そうして一生懸命研究していって，新しいアイデアを思いついたぞ！と思っても実はとっくの昔に知られていた，というようなこともままあり，そうなると非常にがっかりするわけですが，そういう車輪の再発明と落胆を避けるためにも，すでに知られていることのなるべく多くを暗記していることが必要になるわけです．ですが，ただ暗記してひととおり理解しているというだけでは新しいアイデアを得るのには十分ではありません．それでは新しいアイデアを得るための鍵はなんでしょうか？それは，**既知の数学的な議論の組み立てがどのような問題に適用可能であり，どのような問題には適用できないのかを知ること**にあるのではないかと私は思います[3)]．なぜその議論では問題が解けないのかを考えることこそが新しいアイデアを得るための出発点です．それこそが「数学を考える」ということなのです．

このような数学との付き合い方は，私自身の経験から言っても，これこれこういうものだと説明されて，なるほどそういうものかとインスタントに体得できるものではないでしょう．数学それ自身は非常に論理的に組み立てら

3）数学者として，お世辞にも一流とは言い難い私の意見ですから，もっと良いアプローチがあるかもしれないことに読者は留意してください．

れているにもかかわらず，数学の「アイデア」はとらえどころがなく，言葉でもって完全に説明することは難しいものです．たとえアイデア自体を言葉で説明することはできても，どうやってそのアイデアに到達できたのか，あるいはそのアイデアの必然性といったようなことは説明しがたいものです．それを知るには，あなた自身が数学に触れ，数学を暗記し理解しようと努力するという営みを続けていくことが必要になります．実は，高校数学や大学受験の数学の勉強でも「アイデア」を見つめることの重要性にかわりはないのですが，高校数学では「数学の理論」が非常に希薄であるため，「数学のアイデア」に意識的に注目しなくてもあてずっぽうでなんとかなってしまう場合が多いのです．一方，大学数学はなんといっても理論を主軸にして展開されます．それが大学数学の難しさの源でもあるわけですが，同時に，否応なく私達の目を「数学のアイデア」へと導きます．

このような数学への接し方は，職業数学者だけのものではありません．数学を，なにか数学以外の問題に応用しようとするときも，自分の知っている数学の議論が，どういう問題に使えて，どういう問題には使えないのかを知ることは非常に重要です．数学の勉強をするときにも，その講義で，今読んでいる本の中で，今勉強をしている定理の証明の中で，その議論が可能になるための本質的なアイデアが何であり，その限界がどこにあるのかをつねに考え，知ろうとする姿勢で数学に取り組めば，それまで無味乾燥に見えた命題証明定理証明…の羅列がとたんに起伏に富んだドラマチックな物語[4)]に見えてくることでしょう．数学を専門にしない人にとっても，数学の勉強を通して数学のアイデアを追い求めることはいつでも可能です．そして，このような視点を得ることは，数学の楽しい「鑑賞法」を手に入れることになり，あなたの数学との関係を意義深いものにしてくれるはずです．

4）さらに，一つ一つのアイデアにはそれを発見した人物(たち)がいることも忘れてはなりません．今勉強している数学を発見した人たちの歴史(＝数学史)を合わせて勉強すれば，面白さ 100 倍なのですが，残念ながら，数学史の良い本とめぐりあうのは，良い教科書にめぐりあうよりも少し難しい気がします．

第2部

大学数学のキーポイント

（本書で紹介している書籍の定価は，税込総額表示です．）

線形代数

原 隆
●九州大学大学院数理学研究院

1 —はじめに

大学一年生(特に理系の学生)が学ぶ数学科目の双璧は，微分積分と線形代数[1)]だろう．どちらも非常に汎用性が高く重要で，すべての学問の基礎になるといっても過言ではない．

線形代数を学ぶ意義(の一部)は以下の通りだ．

- 抽象的な数学の入り口として大変に面白い．
- 空間のベクトルやその変換を扱うには必須．
- 量子力学の数学的構造は，線形代数そのもの．量子力学の理解には線形代数が欠かせない．
- どのような現象であれ，それが線形代数の土俵に乗るなら，すなわち，「線形空間とその上の線形写像の問題」に書き直せるなら，線形代数の一般論によって直ちに結果が出せる．
- 線形代数の一般論は,「行列と数ベクトル」の問題に帰着して述べることが可能．つまり，行列と数ベクトルの扱いに長ずれば，線形代数の

1) 筆者は線形代数の講義の最初に「『せんけい』は本来『線型』です．『形』と『型』は違うんです」と教わったが，最近では「形」を使うらしいので，本稿でもそれに従う．

恩恵にあずかることができる.

特に上の4つ目の点は非常に重要だ. 対象がどうであれ, **線形代数の枠組みに乗るなら, 一般論が使える**というのは大変に強力だ. また, 5つ目の点は, 抽象的な線形代数をいったん学んでしまえば, **実際の計算は行列とベクトルの計算に帰着できる**ことを意味する. このため, 大学一年の線形代数のかなりの部分は行列とベクトルの扱いに当てられる.

しかし, 学び始めると, かなりの人が線形代数に戸惑うのではないだろうか. 実際, 筆者も大学一年生の頃には非常に苦労した. 特に,「練習問題は解けるが, 何をやってるのか意味がわからない」ことに苦しんだ. 最終的には, たまたま読んだ *The Feynman Lectures on Physics*, vol. Ⅲ[**1**]によって, 量子力学の数学的構造は線形代数そのものであることに気づき, 量子力学から逆算する形で線形代数を理解したが[2].

本稿ではこのような苦い個人的体験も踏まえて, 大学で線形代数を学ぶ上での留意点を概説する.

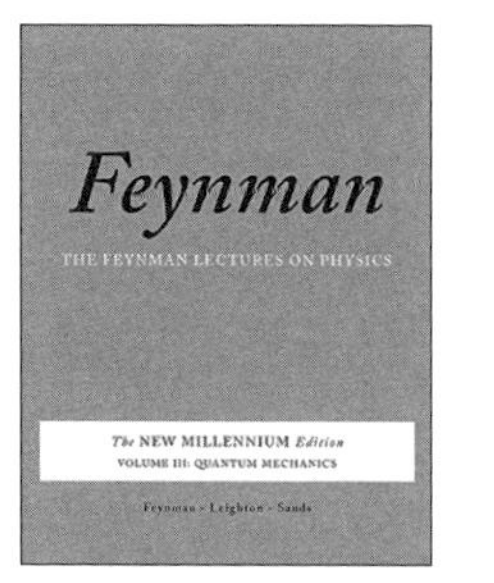

[**1**] **The Feynman Lectures on Physics**
(Ⅲ) Quantum Mechanics

著／R. P. Feynman, R. B. Leighton, M. Sands
発行所／Addison-Wesley
発行日／1964年/2011年

ファインマン物理学
(V) 量子力学

著／R. P. ファインマン, R. B. レイトン, M. サンズ
訳／砂川重信
発行所／岩波書店　**発行日**／1986年4月
判型／B5判　**ページ数**／492ページ
定価／4730円

2) 物理に興味がある人が線形代数に大きな困難を感じた場合, このファインマンの本を試してみる価値はあると思う.

2 ── 線形代数はなぜわかりにくいのか？

数学というのは，そもそも一般的普遍的なものである．ユークリッド幾何のさまざまな定理(例：二等辺三角形の底角は等しい)は，その三角形が何からできていても成り立つ．微分積分学も，対象とする函数が何であれ(適当な条件を満たす限り)適用できる．この**一般性**，**普遍性**にこそ，数学の強みがある．

さて幾何学的対象は身の回りに豊富にあるし，微積に関しても「$f(t)$ を時刻 t での粒子の位置とすると $f'(t)$ は粒子の速度」などと具体例を想像し易い．また抽象的に見える定理はあまり多くない．結果として，初等幾何や微分積分については，「それがどのような学問で，何を目指すのか」は初学者にもほぼ自明と思われる．

ところが，大学に入学したての人にとって，線形代数は「何を目指すのかがわかりにくい」科目になる可能性が高い．その原因は，以下のようなものだろうと筆者は考えている．

- 線形代数とは一般の「線形空間とその上の線形写像」の(抽象的)**数学的構造**を問題にするもので，個々の例を問題にするものではない．抽象的な「数学的構造」を問題にする経験がなかった人(＝大学新入生の大部分)にとっては，「何が目標なのか」わからない．
- 多くの人は具体例に捉われがちで，線形代数のめざす一般化や代数的構造を見逃してしまう．
- 大学入学時には線形代数が本質的に役立つ例を知らない(＋理解できるだけの数学的能力がない)ため，線形代数の意義や有用性，定義の必然性を理解しがたい．
- 近年の学習指導要領改訂のため高校では「行列」をまったく習っていないので，行列やベクトルの計算に不慣れで，数式が実感として頭に入らない．
- (駄目押し) 4 次元以上の高次元空間はイメージしにくく直感的な理解が困難．線形代数が威力を発揮するのは，まさに高次元の空間においてこそであり，直感が働きにくい.

このような点を踏まえ，以下では線形代数を学ぶ際の留意点について述べる．ただし，紙数の制限もあり，線形代数を網羅的に記述することはまったく意図しない．むしろ，高校数学とは異質な線形代数の特質を浮き上がらせるような題材に絞って記述する．特に，**線形代数で標準的に学ぶ重要なトピックである「連立方程式の解法」「行列式」「固有値と固有ベクトルの計算」「内積」などには触れない**．また，直感的なわかりやすさを重視して，数学的には厳密でない記述も行う．詳細かつ正確な内容については，線形代数の教科書で改めて学習していただきたい.

3―「線形空間」とは

「線形代数」とは**線形な現象に関してどのような一般的結論を導けるのか**を問う学問である．この問いに対する答えは，「線形な現象が起こる舞台」を用意し，次に「その舞台の上での線形現象がどうなるのか考える」という二段構えで行う．前者を「線形空間」，後者を「線形写像」と呼ぶ[3]．この節では「線形空間」について述べ，次節で「線形写像」について述べる．最後に，現実世界における線形性と線形代数の効用について少し述べる.

3.1 ●「線形空間」とは

集合 V が数の体 $\mathbb{K}$ 上の**線形空間**である[4]とは，以下のすべてが成り立つことである.

1. (和) V の任意の 2 元 $\boldsymbol{x}, \boldsymbol{y}$ に対し，$\boldsymbol{x}$ **と** $\boldsymbol{y}$ **の和** $\boldsymbol{x}+\boldsymbol{y} \in V$ が定義されている.

3）「線形写像」まで理解すれば，線形代数論の醍醐味を満喫できる．かなり勉強しないと有り難みがわからないという意味でも線形代数は学習しにくい科目だと思う.

4） $\mathbb{K}$ は実数または複素数の全体と思えば十分.

2. （スカラー倍）V の任意の元 $\boldsymbol{x}$ と数 $\alpha \in \mathbb{K}$ に対し，$\boldsymbol{x}$ **のスカラー倍** $\alpha\boldsymbol{x} \in V$ が定義されている．
3. さらに，和とスカラー倍は以下の性質を満たす：
   - 加法の交換則
   - 加法の結合則
   - 加法のゼロ元の存在
   - 加法の逆元の存在
   - 加法とスカラー倍の分配則 I
   - 加法とスカラー倍の分配則 II
   - 加法とスカラー倍の結合則
   - スカラー倍の単位元の存在

なお線形空間は「ベクトル空間」ともいい，線形空間の元をベクトルという．数 α はスカラーと呼ぶことも多いが，本稿では単に数という．

上の V,「和」および「スカラー倍」は，**定義の条件を満たす限り何でも良い**のだが，どこまで一般化すべきかイメージしにくく，かなりの人が「線形空間とは何？」とモヤモヤするだろう．線形空間の定義はわかる(つもり)，いくつかの例(数のベクトルが作る空間，斉次の線形連立方程式の解が作る空間，線形斉次の微分方程式の解の空間)が線形空間になってることもわかる．でも，だからこそ「一般の線形空間って何なの？」という疑問だ．

ここで「線形代数とは,『線形空間』という抽象的な数学的構造を学ぶ学問である」ことを再確認すると良いだろう．上に列挙した例は，線形空間の公理を満たすのですべて線形空間であり，**これらに共通する性質や一般論(のみ)を学ぶのが線形空間論**なのだ．（一般論でも十分に豊かな構造を持っているというのがある種，驚きである.）この点が納得できれば，モヤモヤはかなりの部分，解消されるだろう．また，例は線形空間のイメージを持つための補助として活用するにとどめ，あまりとらわれすぎない方が良い．

これから線形空間における重要な概念を列挙する．

3.2●線形結合，独立と従属

ベクトル $\boldsymbol{a}, \boldsymbol{x}_1, \cdots, \boldsymbol{x}_n$ と数 $\alpha_1, \cdots, \alpha_n$ の間に

$$\boldsymbol{a} = \alpha_1 \boldsymbol{x}_1 + \alpha_2 \boldsymbol{x}_2 + \cdots + \alpha_n \boldsymbol{x}_n \tag{1}$$

の関係があるとき，「$\boldsymbol{a}$ は $\boldsymbol{x}_1, \cdots, \boldsymbol{x}_n$ の**線形結合**である」という．さらに，$\boldsymbol{x}_1, \cdots, \boldsymbol{x}_n$ のどれかが，他の $(n-1)$ 個のベクトルの線形結合で表せる場合，「$\boldsymbol{x}_1, \cdots, \boldsymbol{x}_n$ は**線形従属**」といい，そうでない場合を**線形独立**という．

$\boldsymbol{x}_1, \cdots, \boldsymbol{x}_n$ が線形従属の場合，n 個のベクトルすべてを知らなくても，そのいくつかを他の線形結合で表せる．線形独立の場合には．n 個のベクトルをすべて知っておく必要がある．このように，線形独立は「対象としているベクトルのうち，どれとどれを知れば十分か」を教えてくれる概念である．これを突き詰めると，次の「基底」の概念に到達する．

3.3●基底と次元，基底によるベクトルの展開

線形空間 V のいろいろなベクトルの組から線形独立なものだけを選んでいくと，V のすべてのベクトルを表すのに**必要最低限なベクトルの組**が見つかる．これが**基底**である．基底は何通りもあるが，基底を構成するベクトルの数は(無限大かもしれないが)常に一定であることが連立方程式の一般論から証明できる．このベクトルの数を，V の**次元**と呼ぶ．

基底を選ぶと，V のすべてのベクトルはこの基底を作るベクトルの線形結合で一意に書ける．つまり基底を $\langle \boldsymbol{v}_1, \boldsymbol{v}_2, \cdots, \boldsymbol{v}_n \rangle$ とすると[5]，任意の $\boldsymbol{x} \in V$ が

$$\boldsymbol{x} = x_1 \boldsymbol{v}_1 + x_2 \boldsymbol{v}_2 + \cdots + x_n \boldsymbol{v}_n \tag{2}$$

の形に書け，係数 x_j が一意に定まることが連立方程式の理論からわかる．この係数を並べた $(x_1, x_2, \cdots, x_n)$ は，単に数が並んでいる数のベクトルにほかならない．

このように，本来，抽象的一般的な対象として導入したはずの線形空間が，基底を定めることによって，**数のベクトルの空間と同一視**できるようになる．換言すれば，一般の線形空間の性質を調べる際には，適当な基底を導入して，

5）基底は，そのメンバーを〈 と 〉で挟んで表す．

対応する数ベクトルの空間を調べれば十分なのだ．これが基底を導入する一つの意味である．基底を導入する利点は，線形写像を考えればさらに明らかになる(4.2節参照)．

3.4●部分空間

線形空間 V の部分集合 U が，V における「和」と「スカラー倍」によって U 自身でも線形空間になっているとき，**U は V の部分空間**であるという．部分空間はそれ自身で閉じている上に，和とスカラー倍が V と共通なので V との相性も良い．特に線形写像の像を考える際に有用な概念である(4.3節参照)．

4―「線形写像」とは

線形性が意味を持つ舞台(線形空間)を定義したので，いよいよ線形空間の上での写像を考えよう．線形代数では特に，「線形写像」と呼ばれる写像のみを扱う．

4.1●線形写像

線形空間 V から線形空間 W への**線形写像** f とは，以下の性質を満たしているものをいう．

- f は写像である：任意のベクトル $\boldsymbol{x} \in V$ に対して，その像 $f(\boldsymbol{x}) \in W$ が一つに決まっている．
- f は線形である：任意の $\boldsymbol{x}, \boldsymbol{y} \in V$ と数 α, β に対して以下が成立する

$$f(\alpha\boldsymbol{x}+\beta\boldsymbol{y}) = \alpha f(\boldsymbol{x})+\beta f(\boldsymbol{y}) \tag{3}$$

線形写像の一般論を展開するのが線形代数の主目的である．

4.2●基底と表現行列

線形写像の像の解析は，線形性のおかげで大きく省力化される．線形空間

V の次元を n，基底の一つを $\langle \boldsymbol{v}_1, \cdots, \boldsymbol{v}_n \rangle$ とすると，V の任意のベクトルはその基底ベクトルの線形結合として $\boldsymbol{x} = \sum_{j=1}^{n} x_j \boldsymbol{v}_j$ と書けるのだった．f の線形性を用いると，この像は

$$f(\boldsymbol{x}) = f\left(\sum_{j=1}^{n} x_j \boldsymbol{v}_j\right) = \sum_{j=1}^{n} x_j f(\boldsymbol{v}_j) \tag{4}$$

と表現できるので，f の性質を調べるには，この $f(\boldsymbol{v}_1), \cdots, f(\boldsymbol{v}_n)$ を求めれば十分だ．左辺に出ている $\boldsymbol{x}$ はもちろん無限に多いのだが，その無限性は係数 $x_1, \cdots, x_n$ の無限性に押し込められ，f の関係するところは n 個に限定できている．これは f の線形性と基底を導入したことの大きな成果である．

さらに，$f(\boldsymbol{v}_j)$ を W の基底 $\langle \boldsymbol{w}_1, \cdots, \boldsymbol{w}_m \rangle$ を用いて展開してみよう（W の次元を m とした）：

$$f(\boldsymbol{v}_j) = \sum_{i=1}^{m} f_{ij} \boldsymbol{w}_i \qquad (j = 1, 2, \cdots, n) \tag{5}$$

これを用いると $f(\boldsymbol{x})$ が

$$f(\boldsymbol{x}) = \sum_{j=1}^{n} x_j f(\boldsymbol{v}_j) = \sum_{i=1}^{m} \sum_{j=1}^{n} f_{ij} x_j \boldsymbol{w}_i \tag{6}$$

と書け，特に $f(\boldsymbol{x}) = \sum_{i=1}^{m} y_i \boldsymbol{w}_i$ とした展開係数 y_i は

$$y_i = \sum_{j=1}^{n} f_{ij} x_j \tag{7}$$

を満たすことがわかる．これは，$m \times n$ 行列 f_{ij} とベクトル x_j の掛け算にほかならない．行列 f_{ij} を，線形写像 f の，基底 $\langle \boldsymbol{v}_1, \cdots, \boldsymbol{v}_n \rangle$ と $\langle \boldsymbol{w}_1, \cdots, \boldsymbol{w}_m \rangle$ に関する**表現行列**という．

このように基底を導入することで，一般の線形空間から線形空間への**線形写像を，通常の行列とベクトルの積で表現**でき，以下の対応関係

一般のベクトル $\longleftrightarrow$ 数のベクトル

一般の線形写像 $\longleftrightarrow$ 数を成分に持つ行列

が導かれた[6]．これが線形空間に基底を導入した最大の理由である．

線形代数では行列やベクトルを扱う手法をたくさん学習するが，それは単

6）行列とベクトルの積をあのようにややこしいかたちで定義したのは，線形写像をこのように表現するためだった．

に行列やベクトルを扱いたいからだけではない．ここで説明したように，**一般の線形空間と線形写像の問題を，行列やベクトルの問題に帰着できる**ことを利用して，より一般の線形空間と線形写像の問題を解くためである．

4.3●基像と核，階数

上で見たように，線形写像 f の像は $f(\boldsymbol{v}_1), \cdots, f(\boldsymbol{v}_n)$ の線形結合で書かれる．これは W の部分空間になっており，f の**像空間**と呼ばれる．像空間はその名の通り「f の像(行き先)全体」なので，f を特徴付ける最重要な概念だ．一方，$f(\boldsymbol{x}) = \boldsymbol{0}$ となる $\boldsymbol{x} \in V$ の全体は V の部分空間になり，**核空間**と呼ばれる．核空間の次元と像空間の次元の間には綺麗な関係がある(次元定理)が，これを直感的に理解できるのが望ましい．

4.4●線形写像の固有ベクトル，対角化

最後に，固有ベクトルに簡単に触れる．V から V への線形写像 f に対して，

$$f(\boldsymbol{x}) = \lambda \boldsymbol{x} \qquad (\lambda \in \mathbb{K},\ \boldsymbol{x} \in V,\ \boldsymbol{x} \neq \boldsymbol{0}) \tag{8}$$

が成立するとき，$\boldsymbol{x}$ を f の**固有ベクトル**，λ を f の**固有値**という．

固有ベクトルに f を m 回作用させた結果は

$$\underbrace{f(f(\cdots(f}_{m\text{個}}(\boldsymbol{x}))\cdots)) = \lambda^m \boldsymbol{x} \tag{9}$$

となってすぐにわかる．この意味で，固有ベクトルは特別なベクトルである．さらに，f の固有ベクトルだけで V の基底が作れる場合には(その基底を $\langle \boldsymbol{v}_1, \cdots, \boldsymbol{v}_n \rangle$ とする)，任意の V のベクトルを

$$\boldsymbol{x} = x_1 \boldsymbol{v}_1 + \cdots + x_n \boldsymbol{v}_n \tag{10}$$

のように展開でき，f を $\boldsymbol{x}$ に作用させた結果が

$$f(\boldsymbol{x}) = \sum_{j=1}^{n} f(x_j \boldsymbol{v}_j) = \lambda_j x_j \boldsymbol{v}_j \tag{11}$$

のように計算できる(固有値を λ_j とした)．つまり，ほとんど計算せずとも $f(\boldsymbol{x})$ がわかってしまう．これが固有ベクトルが重要な理由である．

なおこの場合，この f の表現行列は対角行列になるので，固有ベクトルを

求めて f を対角行列で表現することを線形写像の**対角化**と呼ぶ.

5 —「線形性」について

以上，線形代数の骨子を概観し，特にそれが線形空間と線形写像に関する一般論を目指すものであること，および基底の導入によって一般の線形空間の問題を行列やベクトルの問題に帰着できること，を述べた．線形代数の全体を貫くキーワードは「線形」であるので，この節では,「線形性」の持つ意味について考えてみる.

世の中には線形な現象と非線形な現象がある.「線形」な現象とは,「2つの現象を重ね合わせた結果は，それぞれの現象が別々に起こった場合の結果の和になっている」もののことで，これを**重ね合わせの原理**が成り立つという．一方,「非線形」な現象とは，重ね合わせの原理が成り立たないものをいう.

線形な日常現象の代表例は「光」である[7]．窓のない部屋に複数の電灯がある場合，そのすべてをつけたときの明るさは，それぞれの電灯を単独でつけたときの明るさの和になる．また，窓のある部屋の明るさは，室外からの光の明るさと，室内の電灯の明るさの和である．海の波や音も線形な現象の例といって良い.

線形な現象は,「個々の構成要素の結果を理解すれば全体の結果が理解できる」「入力を n 倍にすると出力も n 倍」という意味で，直感的にも理解しやすい面がある[8]．線形代数はまさに，この重ね合わせの原理を究極まで使った一般論といえる.

しかし同時に，線形な現象だけでは，あまり面白い世界にならないし，世の中の重要な現象は大抵，非線形なものである．例えば，空間の同じ点に二

7）量子電磁力学まで考えれば光は厳密には線形な現象ではないが，日常生活程度の弱い光は非常に精度良く線形である.

8）とはいえ，重ね合わせの原理が成り立つ量子力学はまったくわかりやすくなく，かえって重ね合わせの原理による不思議な現象を起こすのだが.

［**2**］**線形代数入門**
著／内田伏一，高木 斉，劔持勝衛，
浦川 肇
発行所／裳華房
発行日／1988年10月
判型／A5判　ページ数／234ページ
定価／2640円

人の人が同時に存在することはできないが，これは「人間の重ね合わせ」がありえないという意味で非線形現象の例になっている．また，バクテリアなどは条件が良ければ「鼠算」式に急速に増えるが，これは典型的な非線形現象の例である．非線形現象には線形代数は無力なのだろうか？

非線形な現象は重要ではあるが，その直感的理解はなかなか難しい[9]．それどころか，数学的な解析が非常に困難である現象も多い．それでも，非線形な現象を理解可能な線形現象で近似して解析することがよく行われ，かつ有用である．この意味で，非線形な現象に対しても，適切な線形近似を考えることは有効であることが多い．

「線形代数」は，線形な現象を直接に解析するための，また非線形現象をわかりやすく線形近似してとらえるための，大きくかつ強力な数学的枠組みを与える．だからこそ線形代数は，数学のみならず，理学工学などに欠かせない武器となっているのである．

6 ── 本の紹介

最後に，いくつか参考書を挙げる．

線形代数の必要最低限の内容を初等的に書いたものとして［**2**］がある．線

9）「低金利であっても長期間のローンの利息は馬鹿にならない」ことに驚かされるのも，利息が非線形（指数関数的）に増大するのが直感に反しているからだろう．指数関数的増大が直感に反して急速であることは，ここ数年のCOVID-19の感染者数増加でも実感した通りである．

形空間や線形写像が早めに出てくるので全体像をつかみやすく，証明も大学一年生が十分に理解できるよう書かれている．

古典的かつ標準的な線形代数の教科書として[**3**]がある．大変に良い本だが，特にジョルダン標準形の解説など，少し難しく感じる人もいるかもしれない．

[3] 線型代数入門

著／齋藤正彦
発行所／東京大学出版会(基礎数学)
発行日／1966年3月
判型／A5判　ページ数／292ページ
定価／2090円

まだ紙媒体の本にはなっていないが，田崎晴明著「数学：物理を学び楽しむために」も良い．微積分と線形代数を中心とした大学での数学が，主に物理を学ぶ者の立場から，しかし厳密に記述されている．最新バージョンをウェブページ[10)]からダウンロードできる．

10) http://www.gakushuin.ac.jp/~881791/mathbook/

微分積分で学ぶこと

原岡喜重
●城西大学数理・データサイエンスセンター／熊本大学名誉教授

1 ―ケプラーからニュートンへ

火星，木星，地球といった惑星は，太陽のまわりを楕円軌道を描いて公転しています．軌道が楕円になることを発見したのはケプラー(1571-1630)で，それはケプラーの法則(正確には第一法則)と呼ばれます．ケプラーは，ティコ＝ブラーエ(1546-1601)が蓄積した観測結果(地球から見て，どの星がどの時刻にどの方角に見えたか，という膨大な数値の集まり)から，見事なアイデアによって宇宙空間を運行する惑星の軌道を見出しました．それは惚れ惚れするような研究なのですが，詳細には立ち入りません(朝永振一郎『物理学とは何だろうか(上)』[**1**]をぜひご覧ください)．朝永先生の本によると，ケプラーはその結果を本に著したとき，この本は100年の間読者を待つだろうと書いたそうです．

100年を待たず，およそ70年ほどしてケプラーの本は真の読者を得ました．ニュートン(1642-1727)です．ケプラーの同時代人ガリレオ(1564-1642)は，物体が運動するときの法則を見つけようとしてさまざまな研究を行い，科学研究における考え方を確立しました．それはガリレオの自然哲学と呼ばれ，現在でも科学・技術の根底を支えています．しかしガリレオはついに究極の運動法則を見つけられませんでした．それを発見したのが次の世代のニュートンです．ニュートンの運動法則は

(質量)×(加速度)＝(外力)

と簡潔に表されます．こんな簡単な法則を，なぜ歴史上最高級の知性と呼ばれるガリレオが見つけられなかったのでしょうか？

その謎を解く鍵は恐らく「加速度」にあります．加速度は速度の変化の割合で，速度は位置の変化の割合です．つまり「変化」というものを数量化しなくては加速度をつかまえることができないのですが，ガリレオの時代には変化を数量化する術は見つかっていませんでした．その術が「微分」です．微分はニュートンとライプニッツ(1646-1716)が(独立に)発見したとされています．ニュートンは微分の概念を得て加速度を把握し，運動法則を見出したと思うことができます．

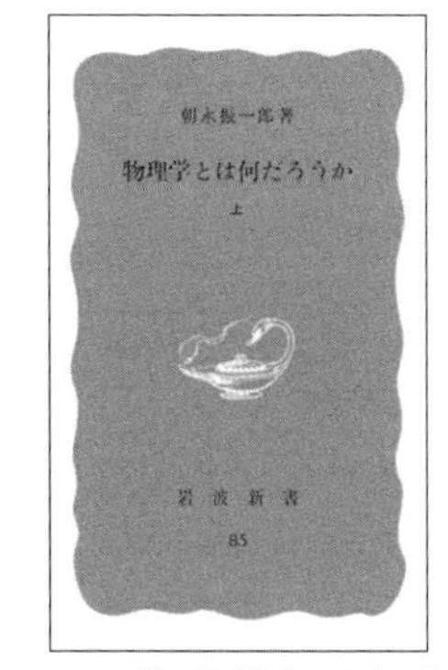

〔1〕 **物理学とは何だろうか(上)**
著／朝永振一郎
発行所／岩波書店(岩波新書)
発行日／1979年5月
判型／新書判　ページ数／246ページ
定価／1056円

ここでケプラーの法則をニュートンの運動法則から導いてみましょう．太陽 S が xy 平面の原点 O にあり，惑星 P が xy 平面を運行するとして，時刻 t における P の座標を $(x(t), y(t))$ とします．外力は S と P の間に働く万有引力で，S の質量を M，P の質量を m，S と P の距離を r とすると，その大きさは $G\dfrac{Mm}{r^2}$ で与えられます(G は万有引力定数)．万有引力により P に加えられる力はこの大きさを持ち $S=\mathrm{O}$ に向かうベクトルとなります(次ページ図1参照)．

そのベクトルを $\vec{F}$ とすると，

$$\vec{F} = |\vec{F}|\left(-\frac{x}{r}, -\frac{y}{r}\right), \qquad |\vec{F}| = G\frac{Mm}{r^2}$$

となります．運動方程式は

$$m(x''(t), y''(t)) = \vec{F}$$

ですので，成分毎に書けば

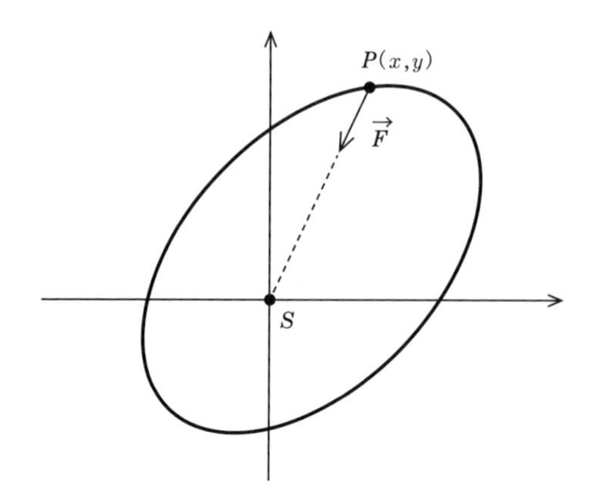

図1　惑星と引力

$$x''(t) = -k\frac{x(t)}{r(t)^3}, \qquad y''(t) = -k\frac{y(t)}{r(t)^3} \tag{1}$$

となります．ここで $k = GM$ で，$r(t) = \sqrt{x(t)^2+y(t)^2}$ です．これを極座標に直して書いてみます．すなわち $x(t) = r(t)\cos\theta(t)$，$y(t) = r(t)\sin\theta(t)$ とおいて，未知関数を $(r(t), \theta(t))$ に取り替えます．すると(1)の2本の方程式は $r(t), \theta(t)$ についての方程式になり，1本目に $\sin\theta(t)$，2本目に $\cos\theta(t)$ を掛けて差し引きすることで

$$2r'(t)\theta'(t)+r(t)\theta''(t) = 0$$

が得られます．以下 (t) を略して書きます．この左辺に r を掛けると $(r^2\theta')'$ になることがわかるので，$r^2\theta' = c$ がわかります(c は定数)．この結果を(1)に戻すと

$$(r\cos\theta)'' = \left(-\frac{k}{c}\sin\theta\right)', \qquad (r\sin\theta)'' = \left(\frac{k}{c}\cos\theta\right)'$$

となるので，それぞれ両辺を積分して(c_1, c_2 を積分定数として)

$$(r\cos\theta)' = -\frac{k}{c}\sin\theta+c_1, \qquad (r\sin\theta)' = \frac{k}{c}\cos\theta+c_2$$

が得られます．この2式から r' を消去すると

$$r\theta' = \frac{k}{c}+c_2\cos\theta-c_1\sin\theta$$

となり，ここで $\theta' = \dfrac{c}{r^2}$ が使えることから，最終的に

$$r = \frac{c}{\dfrac{k}{c} + c_2 \cos\theta - c_1 \sin\theta} = \frac{\ell}{1 + e\cos(\theta + \phi)}$$

が得られます．ここで ℓ, e, ϕ は k, c, c_1, c_2 から決まる定数です．この最終式は楕円を極座標で表したものなので，惑星 P の軌道が楕円になることが証明されました．

ケプラーの法則がニュートンの法則から導かれましたから，ニュートンの法則の方が基礎的であることは明らかですが，この 2 つの法則にはもっと根源的な違いがあります．ケプラーの法則は，ケプラーが当時見つかっていたすべての惑星を調べて，それらすべてに共通する性質として述べたものです．したがって「すべての」惑星について成り立つ法則ではあるけれど，もし別の新しい惑星が発見されたとしたら，それについても成り立つとは主張できないのです．一方ニュートンの法則を使って上で得た結果は，惑星がいくつあろうと，たとえ未発見のものであろうと，どんな惑星でも必ず楕円軌道になるということを主張しています．つまりニュートンの法則には普遍性があります．（これはケプラーの法則を貶めるものではまったくありません．ケプラーの法則は近代科学の扉を開いた画期的な成果です．ただ法則としての性格がニュートンの法則とは違っているということです．）

このように普遍的な法則があると，それを用いてまだ起こっていない現象でさえも調べることができます．これがガリレオの自然哲学の目指すところです．そしてこの哲学を実質的に担うのが数学です．数学の役割も加えて図式化すると

法則 ＝ 微分方程式
↓　　　　　↓
現象 ↔ 解（関数）

となります．このストーリーをまず頭に入れておくことが重要です．

2 ―関数を求める

法則(あるいは数理モデル)が方程式(多くの場合は微分方程式)で表されていて，その解が現象を表すというストーリーでしたので，微分方程式を解いて解を求めるという作業と，解となる関数から現象を読み取るという作業が必要になります．まず前者について考えてみましょう．

微分方程式が我々の知っている関数(多項式・指数関数・対数関数・三角関数など)で解けるなら楽なのですが，実はそのような微分方程式は微分方程式全体の中のごく一部にすぎません．では解けない微分方程式に対してはどうすればよいか？　この問題に答えるための基礎を与えるのが微分積分の1つの役割です．

解が具体的に書けないのでお手上げ，というのでは情けないし，ほとんどの現象は解明できないことになってしまいます．そういう場合に決定的な役割を果たす発想が「近似」です．近似というと，「すばりそのもの」ではないので何となく潔くないイメージがあるかもしれませんが，難しいものにも逞しく迫ることを可能にする宝物と思うべきです．そもそも微分は，近似の考え方を使ったから発見されたのでした．

近似の活躍する例を2つ挙げましょう．1つ目は円周率

$$\pi = 3.14159265358979\cdots$$

です．円周率は円周の長さと直径の比で，このような無限小数で表されるわけですが，実際の計算に使うときにはたとえば3.14という近似値で代用します．$3.14 = \dfrac{314}{100}$ はよくわかる数(有理数)なので計算が可能になり，その計算結果は本当の π を用いたものと大きくは違わないので，十分役立ちます．さらに精密な結果がほしければ，3.14ではなくて3.14159とか，打ち切る場所を後ろに持っていった値(それでも有理数)を使えばよいのです．

2つ目の例は数ではなくて関数です．三角関数 $\tan x$ を考えます．$\tan x$ の定義はあらためてしませんが，$0 < x < \dfrac{\pi}{2}$ の範囲では内角 x を持つ直角三角形の辺の比を与える関数です(x はラジアンで測ります)．x を具体的に与えたときの $\tan x$ の値を求めたいと思うと，分度器で角度 x を測って直角三角形を作図し，定規で辺の長さを測って比を計算する，というやり方もあり

ますが，目盛りの読み方，作図の仕方など誤差の要因がたくさんあって，正確な値は求められそうにありません．ところが近似の考え方を使うと，いくらでも正確な値を求めることができます．それには $\tan x$ を近似する「よくわかる」関数を用います．たとえば

$$f(x) = x+\frac{x^3}{3}+\frac{2}{15}x^5,$$

$$g(x) = -\frac{1}{x-\frac{\pi}{2}}+\frac{1}{3}\left(x-\frac{\pi}{2}\right)+\frac{1}{45}\left(x-\frac{\pi}{2}\right)^3$$

という関数は $\tan x$ をよく近似します．その様子はグラフ(図 2)をご覧ください．$f(x)$ は $x=0$ の近くで $\tan x$ をよく近似し，$g(x)$ は $x=\dfrac{\pi}{2}$ の近くで $\tan x$ をよく近似します．$f(x)$ は多項式，$g(x)$ は有理式ですから，いずれも関数の値は四則演算で求めることができ，こうして $\tan x$ の値の近似値が計算できるようになります．しかも誤差 $|\tan x-f(x)|$, $|\tan x-g(x)|$ の大きさも見積もることができるので，求めた近似値が小数第何位まで正確であるかも判定できます．こういった近似関数の作り方や誤差の評価の仕方は，微分積分で学びます．

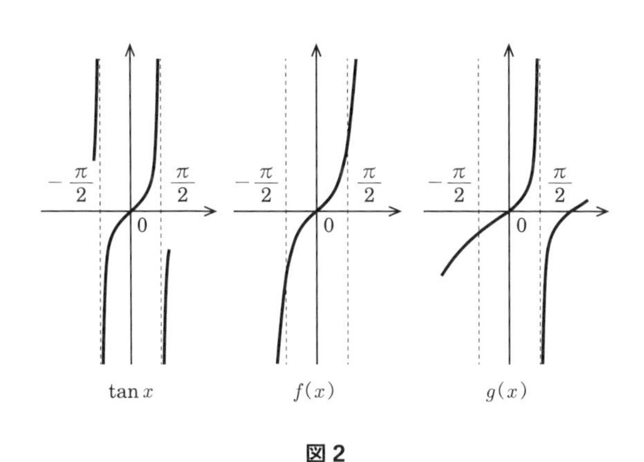

図 2

さてこういった近似の考え方を使うと，微分方程式の解をつかまえることもできるようになります．$f(x,y)$ を2変数の関数として，微分方程式

$$y'(x) = f(x, y(x))$$

を考えます．これの初期条件 $y(a) = b$ をみたす解を求めたいとします．$f(x, y)$ が具体的に与えられたとしても，たいていの場合，解は具体的に求めることができません．しかし求めたい解 $y(x)$ を近似する関数は，系統的に作ることができるのです．この微分方程式と初期条件は，1つの積分方程式

$$y(x) = b + \int_a^x f(t, y(t))dt$$

で表されます．（両辺を微分すればもとの微分方程式が得られ，両辺に $x = a$ を代入すれば初期条件が得られます．）そこでこの積分方程式をにらんで，関数列 $\{y_n(x)\}_{n=0}^{\infty}$ を

$$\begin{cases} y_0(x) = b \\ y_n(x) = b + \int_a^x f(t, y_{n-1}(t))dt \qquad (n \geqq 1) \end{cases}$$

で定義します．もし $y_n(x)$ が $n \to \infty$ としたときに $y(x)$ という関数に収束するなら，上の漸化式で $y_n(x), y_{n-1}(x)$ を両方 $y(x)$ にすることができて，その結果極限の関数 $y(x)$ は積分方程式を，したがって微分方程式をみたすことがわかります．ということは，関数列 $\{y_n(x)\}_{n=0}^{\infty}$ は解に収束するので，各 $y_n(x)$ は解を近似する関数となります．極限 $y(x)$ を求めるのは難しいとしても，$y_1(x), y_2(x), y_3(x), \cdots$ は順々に求めることができる関数なので，具体的な関数で解を近似することができるわけです．たとえば

$$y'(x) = y(x), \qquad y(0) = 1$$

を考えましょう（$f(x, y) = y$ という場合です）．$y_n(x)$ をいくつか求めてみると，

$$y_0(x) = 1$$

$$y_1(x) = 1 + \int_0^x 1\,dt = 1 + x$$

$$y_2(x) = 1 + \int_0^x (1+t)dt = 1 + x + \frac{x^2}{2}$$

となります．このように解（この場合は $y(x) = e^x$ ですが）を近似する関数が次々に得られます．

$\tan x$ のようにわかっている関数を近似する場合には近似値を計算すると

いった実用的な意味があります．一方，微分方程式の場合はそもそも近似すべき関数が求まっていないのですが，そのわかっていない解を近似する関数列が作れるのです．したがってこの近似関数列は実用的な意味を持つだけでなく，そもそも解は本当に存在するのかといった問題を考えるときにも本質的な役割を果たします．そのような問題を考える際には，関数列がある関数に収束するということの意味をはっきり定式化し，収束するための判定条件を見つける，ということが必要となります．微分積分には，数や関数を求めるという役割のほか，そのような議論の土台を与えるという側面もあります．

［2］ はじめての解析学

著／原岡喜重
発行所／講談社（ブルーバックス）
発行日／2018年11月
判型／新書判　ページ数／352ページ
定価／1430円

［3］ 定本 解析概論

著／高木貞治
発行所／岩波書店
発行日／2010年9月
判型／B5変形判　ページ数／540ページ
定価／3520円

3 ── 関数から読み取る

さて何らかの現象を表す関数が求まったとしましょう．その関数から現象をどのように読み取ればよいか，ということも微分積分で学びます．現象を読み取るには，関数 $f(x)$ のある x における値が必要なときもあるでしょうし，あるいはある区間 $a \leqq x \leqq b$ における $f(x)$ の最大値・最小値が必要であったり，$x \to \infty$ のときに $f(x)$ がどうなるか(0 に収束するか，0 でない値に収束するか，振動するか，∞ に発散するか)ということが必要だったりします．高校数学でも微分積分でこのようなことを調べましたね．

大学の微分積分では，もっと対象を広げて，変数の数が 2 つ以上の多変数関数についてもその調べ方を学びます．たとえば何らかの面(地球表面など)における温度分布を記述するには，面の各点における温度を与えればよくて，各点は座標 (x, y) で特定されると考えると(地球表面であれば緯度と経度で特定されます)，(x, y) における温度 $u(x, y)$ は x と y を変数とする2変数関数となります．(さらにどの時刻における温度か，という情報も加えると，時刻 t も変数に加えて $u(t, x, y)$ という3変数関数が現れます．)

この温度分布の状況をグラフで表すと，xy 平面と垂直に z 軸を設定して，点 (x, y) における温度 $u(x, y)$ を z 座標とする xyz 空間の点 $(x, y, u(x, y))$ を集めた曲面ができます．これを関数 u のグラフ $z = u(x, y)$ といいます(図3)．

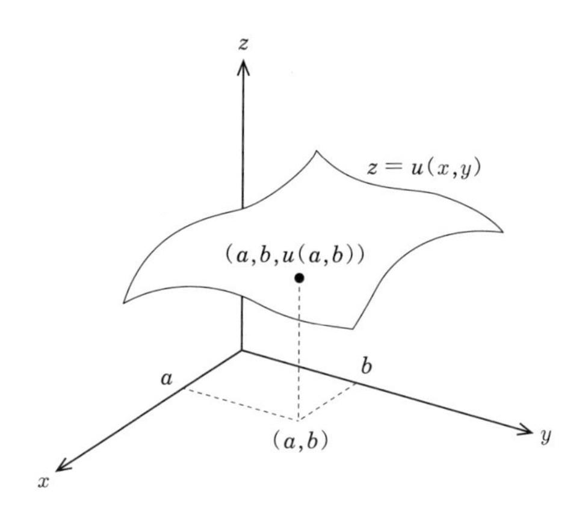

図3 グラフ $z = u(x, y)$

このグラフを見ると，関数 u の挙動を視覚的にとらえられます．たとえばある点 (a, b) における温度がその周辺の温度より高くなっているとき，グラフでは点 $(a, b, u(a, b))$ が山の頂上のようになっています．このとき $u(x, y)$ は点 (a, b) で極大になる，といいます．高低を逆にすると極小も定義されます．1変数関数 $f(x)$ についても極大・極小の概念があり，その場所を求めることが $f(x)$ を調べるときの基本でした．その場所を求めるため，極大点あるいは極小点においてはグラフの接線が水平になることから，接線

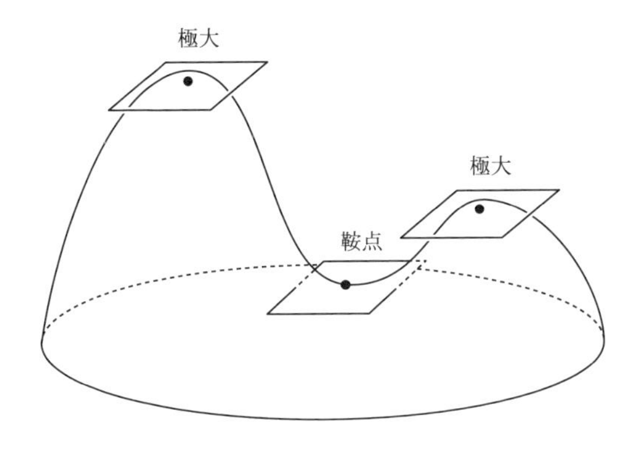

図4　極大と鞍点

の傾きである微分 $f'(x)$ が0になる点を求めるのでした．2変数関数でも同様です．ただしグラフは曲線ではなく曲面になっているので，接線の代わりに接する平面，つまり接平面を考えなければなりません．接平面が xyz 空間で水平になっていること，つまり xy 平面に平行になっていることが，極大・極小のための必要条件になります．この条件は，多変数関数の微分である「偏微分」というものを用いて表現されます．

ところで接平面が水平になっていても，極大でも極小でもないということも起きます．図4をご覧ください．鞍点と書いたところでは，ある方向では極大である方向では極小になっていて，そのため接平面が水平となります．このような点が現れるのは多変数関数ならではの現象です．したがって接平面が水平のときに，そこで極値を取るか鞍点になっているか，という判定が必

［4］微分積分学
（第1巻）（第2巻）　改訂新編

著／藤原松三郎
編著／浦川 肇，髙木 泉，藤原毅夫
発行所／内田老鶴圃
発行日／（第1巻）2016年11月，（第2巻）2017年5月
判型／A5判
ページ数／（第1巻）660ページ，（第2巻）640ページ
定価／（ともに）8250円

要になりますが，その判定方法についても微分積分で学ぶでしょう．

［5］**解析入門**(I)(II)
著／杉浦光夫
発行所／東京大学出版会（基礎数学）
発行日／(I)1980年4月，(II)1985年4月
判型／A5判
ページ数／(I)430ページ，(II)432ページ
定価／(I)3080円，(II)3740円

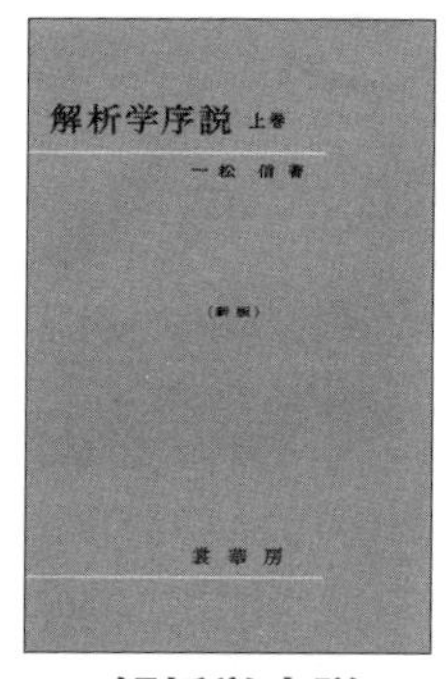

［6］**解析学序説**(上巻)(下巻)　新版
著／一松 信
発行所／裳華房
発行日／(上巻)2010年9月，
　(下巻)2008年6月
判型／A5判
ページ数／(上巻)288ページ，
　(下巻)296ページ
定価／(上巻)3740円，
　(下巻)3850円

4 ― 微分積分と解析学

微分積分の役割を，皆さんが大学で学ぶであろうことを想定して説明してきましたが，数学全体を見渡す視点から述べるなら，微分積分は「解析学」の出発点と思うことができます．解析学は代数学・幾何学と並ぶ数学の分野で，素朴には関数を扱う分野と言えますが，もう少し詳しく言うなら，これまで述べてきたように自然現象などを表す法則やモデルからその現象を表す関数を求めて挙動を調べる，という，ガリレオの自然哲学の，数学の担当部分を解析学と思うことができます．解析学については拙著『はじめての解析学』[**2**]でその全体像を描いてみました．解析学の全体像を頭に描いておくことは，微分積分を学んでいくときに心強い助けになると思います．

解析学の中で，どこまでが微分積分でどこからが本格的な解析学か，という境目がはっきりあるわけではありません．そのため，微分積分の内容をカバーする文献としては，「微分積分」ということばの入った本だけでなく，「解析」ということばの入った本も挙げられます．最も有名なのは高木貞治『解析概論』[3]でしょう．いろいろな概念のきちんとした定式化とその背後にある考え方・見方が丁寧に書かれ，豊富な例でイメージがふくらみます．例をたくさん経験することは，微分積分に限らず数学を勉強するときにとても重要なことですね．やはり昔から定評のある藤原松三郎『微分積分学』[4]は近年改訂新編が出され(初版は 1929, 30 年)，近づきやすくなりました．豊かな例と知見にあふれた名著と思います．そのほか杉浦光夫『解析入門』[5]，一松信『解析学序説』[6]も，それぞれ学ぶところの多い本です．最後に拙著『解析学基礎』[7]を挙げさせてください．微分積分の全貌を厳密かつ自然に記述しようと心懸けました．一度手にとっていただけると幸いです．

[7] **解析学基礎**

著／原岡喜重
発行所／共立出版
発行日／2021年11月
判型／A5判　ページ数／414ページ
定価／4180円

集合・写像・論理
学びの視点から

和久井道久
●関西大学システム理工学部

集合といえば，学生の頃，3個のりんごを使って集合の概念が説明された本を読んですごく混乱したことを思い出します．集合を，元を列挙して表すときには重複を無視するという約束があります．例えば，集合 $\{1,1,2,3\}$ は $\{1,2,3\}$ と同じ集合を表します．この原則を，先ほどの3個のりんごからなる集合に当てはめると，1個のりんごからなる集合になってしまうのです！どこが間違っているのか，長い間悩んだものです．今となっては，3個のりんごといったときには，それぞれのりんごに個性が与えられていると考えるべきなのに，頭の中でそれを抽象的な物質名としてのりんごにすり替えてしまっていたからであるとわかるのですが….

この記事では，日頃，大学で数学を教えている中で，集合・写像・論理に関して初学者が知っておいた方がよいと感じる事柄を書きます．

1 ― なぜ集合・写像・論理を学ぶ？

集合・写像・論理は「現代数学」を語る上で欠かすことのできないコミュニケーション・ツールです．「現代数学」は論理に基づいた論証によって支えられ，それは集合と写像を用いて記述されるからです．いくつかの公理から出発し，論証を通じて真であると判断された結果のみが定理と呼ばれ，それらの集大成として数学の理論が形成されていきます．

集合・写像・論理はまたコンピュータプログラミングの基礎的な言語であり道具です．現代社会においては，さまざまな事象を理解・解析・制御するのにコンピュータが使われ，それなしでは社会が機能しない状況になっています．したがって，集合・写像・論理は現代社会に欠かせない言語であり道具であるとも言えます．

他の数学の理論と違い，集合・写像・論理を学ぶ際には予備知識はほとんど要りません．ということは，余計なことを気にせず抽象的な思考や論理的な組み立てを学ぶことができるということです．これは集合・写像・論理を学ぶ際の大きな強みです．

抽象的な議論に慣れていると，問題をより単純な問題に転化することができたり，一見無関係と思える別の問題に結びつけて解決できるようになります．集合・写像・論理はそのような訓練をするための最適な材料の１つと言えるでしょう．

学習の初期段階では，集合や写像は初めから与えられていますが，社会で求められているのは，問題解決のために適切な集合や写像を設定することであり，その設定の中で解きたい問題を定式化し，解く能力であると思います．こういったことも視野に集合・写像・論理を学んでいくとよりいっそう有意義になるのではないでしょうか．

2 ── 集合・写像・論理のキーポイント

2.1 ●集合

定義をおさらいしましょう．**集合**とは，“もの”の集まりであって，その集まりがどのような“もの”からなるかが「客観的に」規定されているものをいいます．集合を構成している個々の“もの”をその集合の**元**または**要素**といいます．x が集合 A の元であることを $x \in A$ または $A \ni x$ と書き表します．

記号 $\mathbb{N}, \mathbb{Z}, \mathbb{Q}, \mathbb{R}, \mathbb{C}$ は数学共通に使われ，順に自然数全体，整数全体，有理数全体，実数全体，複素数全体からなる集合を表します．頻繁に登場するので，覚えましょう．

集合は中括弧 $\{\ \ \}$ で括って表します．ただし，**空集合**だけは例外で，これ

は $\varnothing$ あるいは $\emptyset$ という記号で表します．$\{\varnothing\}$ と書きたくなりますが，これは $\varnothing$ という元を持つ集合を意味し，空集合とは異なります．

集合に関して理解すべきこととして次の２点を挙げておきます．

（1） 集合が等しいことの定義とその証明方法．

（2） 集合族の考え方を踏まえた，集合と元の区別．

（1） 集合 B が集合 A の**部分集合**であるとは，B に属するどの元も A の元であるときをいいます．これを $B \subset A$ または $A \supset B$ のように書き表し，「B は A に**含まれる**」または「A は B を**含む**」と読みます．

２つの集合 A, B について，構成要素がまったく同じであるとき，つまり，$A \subset B$ かつ $B \subset A$ が成り立つとき，A と B は**等しい**といい，$A = B$ と書き表します．２つの数や式が等しいことを証明するときには，＝で結んで計算していきますが，集合の場合には，定義により，「含む・含まれる」の両方を示すことが基本になります．

（2） ３つの集合 $A = \{1, 2, 3\}$，$B = \{\{1\}, \{2\}, \{3\}\}$，$C = \{\{1, 2, 3\}\}$ を考えます．A は普通の集合ですが，B, C は集合を元に持つ集合です．このような集合を**集合族**といいます．さて，先の３つの集合の中に等しい集合はあるでしょうか？ 落ち着いて考えれば難しくありません．その中に等しいものはありません．例えば，A と B が等しいと仮定してみます．A の中のどの元も B の元でなければなりません．特に，$1 \in A$ は $\{1\}, \{2\}, \{3\}$ のうちのどれかに一致しなければなりません．$1 = \{1\}$ ではないかと戸惑うかもしれませんが，集合とその元とは異なると考えるので，$1 \neq \{1\}$ です．結局，$1 \in A$ は B のどの元にも等しくないので矛盾，よって，$A \neq B$ というわけです．

集合族の考え方は，２年次以降において，位相の導入時や，集合に同値関係を導入して商集合を考えるときに使われます．

2.2●写像

ある集合を別の集合と関連づけたいとき，１つの集合の中で元を移動させたいときなどに写像を使います．定義は次の通りです．

A, Bを空でない2つの集合とします．Aの中の各々の元に対して，Bの元を1つずつ定める対応規則fのことをAからBへの**写像**といい，これを$f\colon A \to B$で表します．Aを**定義域**または**始域**，Bを**終域**といい，fの下で$a \in A$に$b \in B$が対応するとき，このbを$f(a)$と書き，fによるaの**像**といいます．写像は定義域，終域，対応規則の3点セットで決まる，と唱えましょう．

高校までに学んできた関数は一種の写像と考えることができます．例えば，対数関数$\log x$は，定義域が0より大きい実数全体$(0, \infty)$で，終域が実数全体$\mathbb{R}$で，対応規則が$f(x) = \log x$で定められる写像$f\colon (0, \infty) \to \mathbb{R}$とみなすことができます．大学で扱う関数は，ベクトルに値を持つものや，値自体が関数のものもあります．そのようなさまざまな対象を扱うため，関数のとる値が含まれる集合も明示した写像が使われます．

写像を定めるときに使われる「型」があります．例えば，$\mathbb{R}^2$の各元(x, y)に対して，x^2+y^2-1という実数を対応させる写像を定義したいときには，次のように表現します(下線部分を略さずに書くようにします)：

写像$f\colon \mathbb{R}^2 \to \mathbb{R}$を

$$f(x, y) = x^2+y^2-1 \qquad ((x, y) \in \mathbb{R}^2)$$

によって定義する.

慣れないうちには，写像を$f\colon \mathbb{R} \to \mathbb{R}$と定める，と書いてしまうことがあるかもしれませんが，これは誤りです．$\mathbb{R}$から$\mathbb{R}$への写像には，すべての実数を1に写すものもあれば，各実数xをx^2に写すものもあります．その他いろいろな対応規則が考えられるため，定義域と終域を与えただけでは写像を定めたことにならないからです．

理論や状況により，線形性などの特定の条件を満たす写像が要求されます．しかし，理論によらず重要な写像は単射，全射，全単射です．

集合にしても写像にしても元をとって議論しますが，3, 4年次に進み抽象度が増してくると，圏と関手の視点が入ってきて，そのような機会が少なくなっていくことでしょう．

2.3●論理

数学では，命題・条件に「ではない」をつける演算と２つの命題・条件を「かつ」「または」「ならば」で繋ぐ演算からなる命題論理に加え，「任意の…に対して」「…が存在する」という形の命題を含む述語論理が使われます．

「または」は「どちらか一方」ではなく「少なくとも一方」という意味で使い，「ならば」を使って記述される含意命題において，前提条件が正しくないときには真とすることはよいでしょう．このほか，次の２項目を修得することは大事です．

（１） 命題・条件の否定の肯定文への言い換え．
（２）「任意 ∀」と「存在 ∃」の両方が含まれる命題の意味の取り方と書き方．

（1） 直接的な証明が難しい場合には，対偶を示すかまたは背理法を用います．その場合，示したい主張を否定することから始めることになります．否定文は，最後に「ということではない」を付け加えるだけで簡単に作ることができます．しかし，この状態ではそこから一歩も先に進めません．否定命題・条件の内容を変えずに肯定的な表現に言い換えることが必要になります．その言い換えの基本になるのは，ド・モルガンの法則であり，論理の規約ですが，それだけではありません．例えば，「x は有理数である」という条件を考えます．この条件の否定を単純に書けば，「x は有理数ではない」ということになります．有理数ではないということは無理数ということですから，先の条件の否定は「x は無理数である」と言い換えられそうです．しかし，ここに落とし穴があります．「有理数ではない」＝「無理数である」という言い換えは，数を実数の範囲に限ったときの話だからです．数を複素数で考えたときには正しい言い換えになっていないのです！ このような事態を避けるためには，考察の対象の範囲(それは多くの場合，集合によりあらかじめ明示されます)をきちんと把握しておく必要があります．

（2） 数学には「任意の…に対して…が存在する」という形の主張が数多く登場します．注意しなければいけないのは，この形の命題は一括りとする部分により真偽が異なる場合があるということです．例えば，次の主張 P を考えます．

P：任意の実数 $x \in [-1,1]$ に対して $x^2+y^2=1$ であるような実数 y が存在する．

区切りを入れると次の3つの主張が得られます．

P_1：任意の実数 $x \in [-1,1]$ に対して，
「$x^2+y^2=1$ であるような実数 y が存在する」．
P_2：「任意の実数 $x \in [-1,1]$ に対して，
$x^2+y^2=1$ である」，ような実数 y が存在する．
P_3：任意の実数 $x \in [-1,1]$ に対して，
$x^2+y^2=1$ である，ような実数 y が存在する．

詳しい説明は補注で後述しますが，P_1 は真の命題，P_2 は偽の命題です．P_1 と P_2 とで真偽が異なるわけですから，P_3 は P とともに真とも偽ともつかない曖昧な主張でしかありません．

P_1 と P_2 はどちらも実数 y が存在することを主張していますが，P_1 では x に応じて異なってもよいのに対して，P_2 では x に依存してはいけないという違いがあります．その差が P_1 と P_2 の真偽の違いに影響しています．P_1 と P_2 のどちらの形の命題もよく登場します．

補注● P_1 が真の命題であることは，次のように考えるとわかります．P_1 は，任意に実数 $x \in [-1,1]$ が与えられたとき，「等式 $x^2+y^2=1$ を満たす実数 y が存在する」という主張です．$x \in [-1,1]$ が与えられたとき，等式 $x^2+y^2=1$ を満たす実数 y が存在するかしないかは，どちらか一方のみが成立するはずですから，主張 P_1 は命題と呼ぶことができます．この命題が真であ

ることをみていきましょう．そのために，閉区間 $[-1,1]$ から任意に実数 x_0 をとります．このとき，$x_0^2+y^2=1$ を y について解いてみると，$y=\pm\sqrt{1-x_0^2}$ が得られます．x_0 は $[-1,1]$ に含まれているので，$1-x_0^2 \geqq 0$ であり，したがって，$\pm\sqrt{1-x_0^2}$ は実数となります．このように，任意に実数 $x_0 \in [-1,1]$ が与えられたとき，例えば実数 $y_0=\sqrt{1-x_0^2}$ をとれば $x_0^2+y_0^2=1$ が満たされるので，P_1 は真の命題といえるわけです．

P_2 が偽の命題であることは，次のように考えるとわかります．P_2 は，条件「任意の実数 $x \in [-1,1]$ に対して $x^2+y^2=1$」を満たす実数 y が存在することを主張しています．主張 P_1 と同じ理由で，主張 P_2 は命題と呼ぶことができます．P_2 における実数 y には，「どんな実数 $x \in [-1,1]$ が与えられても $x^2+y^2=1$ となること」が要請されていることに注意します．例えば，$[-1,1]$ に属する $x=0,1$ に対して，y は $x^2+y^2=1$ を満たさなければなりません．つまり，$0^2+y^2=1$ と $1^2+y^2=1$ を同時に満たさなければならないのです．これは不可能なので，P_2 は偽の命題であるという結論に達します．

3 ―型を身につける

どんな学問にも多かれ少なかれ型や形式はあるものですが，数学においてはそれが特に顕著です．基本的な型を身につけると，定理や証明の理解がスムーズになるばかりでなく，結果を定理としてまとめるときや自分で証明を書くときにとても役に立ちます．

写像の定め方の「型」はすでに説明したので，ここではその他の型をいくつか紹介しましょう．

3.1 ●証明の型

2つの集合の間の包含関係を示すときの型

集合 A と B について，$A \subset B$ を示したいとき，まず「任意に元 $a \in A$ をとる」と宣言するところからスタートします．目標は，今とってきた a が B に属していることを導くことです．よって，最後は「よって，$a \in B$ である」と書いて締めくくることになります．

存在命題が真であることを示すときの型

存在命題“$\exists x \in A,\ P(x)$”が真であることを示したい場合には，命題$P(x)$が真となるようなxをAの中から具体的に1つ見つけてくる，あるいは，公理やすでに示された定理に基づいて存在の根拠を示す必要があります．その書き方の型は，まず最初に「$x = \cdots$ とおく」と宣言することです．そのあとで，そのxがAの元であって，命題$P(x)$が真である理由を書きます．

全称命題が真であると示すときの型

$P(x)$を集合Aを定義域とする命題関数として，全称命題“$\forall x \in A,\ P(x)$”が真であることを示したいときには，何よりも先に「任意に$x \in A$をとる」と宣言することからスタートします．最終的な目標は，命題$P(x)$が真であることを示すことです．実例を挙げましょう．収束の定義に基づいて，数列$\left\{\dfrac{1}{n}\right\}_{n=1}^{\infty}$が0に収束することを示したかったとします．そのときには，まず最初に「任意に$\varepsilon > 0$をとる」と宣言することから始めます．このとき，「$n > N$を満たすすべての自然数nに対して$\left|\dfrac{1}{n} - 0\right| < \varepsilon$」となる自然数$N$を見つけることが目標です．このような$N$は，2つの正の実数1と$\varepsilon$に対してアルキメデスの原理を適用して見つけることができます．

このほか，帰納法を用いて示すとき，背理法を用いて示すときなどの型があります．

3.2●定義と定理の型

数学における定義は，通常「初期設定(前提条件)」「新しい用語の提示」「用語の意味を決定するための条件」の3つからなります．「〜とする」「〜とおく」という言葉で終わる部分までが初期設定です．用語の提示とその意味の決定条件の部分は，「〜とは…を

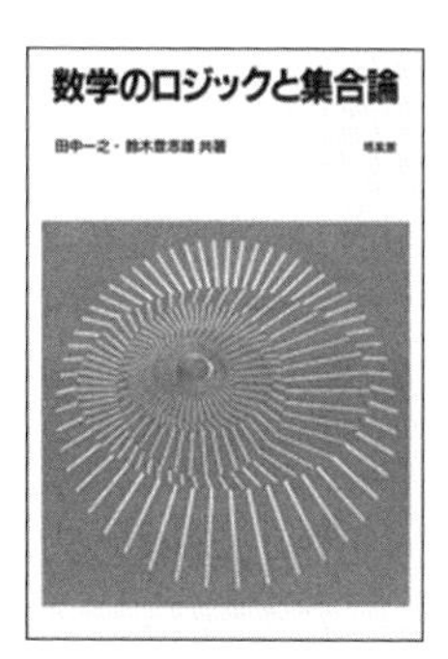

[1] **数学のロジックと集合論**
著／田中一之，鈴木登志雄
発行所／培風館
発行日／2003年12月
判型／A5判　ページ数／230ページ

満たすときをいう」「…を〜という」のような表現方法をとります．

定理は，通常「前提」と「結論」の２つからなり，ほとんどの場合，「(前提) $\Longrightarrow$ (結論)」という構造をしています．定理が主張している内容を読み取るときのポイントは，「このとき」を押さえることです．その言葉の前までが前提であり，その後が与えられた前提の下で成り立つ結論になります．

4 ― 詳しく学ぶために…

集合・写像・論理に関しては，啓蒙的なものから本格的なものまで，数多くの良書が出版されています．その中から初学者向きの本を２冊紹介します．

『数学のロジックと集合論』[**1**]は，初歩から現代集合論の入り口までをカバーした入門書です．高度な内容を含んでいますが，歴史的背景と喩え話と厳密な説明が絶妙なバランスで配されているため，畏まらずに読むことができます．

『証明の楽しみ 基礎編』[**2**]は，豊富な実例と多様な練習問題が盛り込まれているワークブック的な雰囲気の入門書です．通常の証明だけでなく，証明に先立つ方略や証明後の分析までも書かれているのが特徴です．細部に渡って学習のための配慮が行き届いています．

[**2**] **証明の楽しみ 基礎編**
数学を使いこなす練習をしよう

著／G. チャートランド，A. D. ポリメニ，P. チャン
訳／鈴木治郎
発行所／丸善出版
発行日／2014年2月
判型／A5判　ページ数／272ページ
定価／3850円

[**3**] **大学数学**
ベーシックトレーニング

著／和久井道久
発行所／日本評論社
発行日／2013年3月
判型／A5判　ページ数／272ページ
定価／2420円

また，補注の内容を含め，命題の読み取り方とその真偽の判定の仕方等は，拙著『大学数学ベーシックトレーニング』[**3**]で詳しく説明していますので，是非ご覧ください．

位相・位相空間

鈴木正明
●明治大学総合数理学部

1 ― はじめに

「位相」という概念は現代数学において，なくてはならないものであり，これなくして成り立っている数学の分野はほとんどないだろう．本稿では，この「位相」や「位相空間」がなぜ必要なのかということと，位相空間の概観を述べたい．そのため本稿はこれらの言葉を聞いたことがない人，聞いたことはあるが理解することに苦しんでいる人などを対象にしている．位相空間についてよくご存じの方にとっては，新しい内容はほとんどないと思われることを初めに断っておく．

「位相空間」はおそらく「イプシロン-デルタ論法」に続き，数学を学ぶ人にとっての大きな壁になるだろう．その理由は二つあると思う．一つは「抽象的すぎる」ということ，もう一つは「目に見えない」ということではないだろうか．位相空間はかなり抽象的に定義され，さらに一般的には絵に描くことができない．これらのことが我々の理解の大きな妨げになっていることは否定できない．ここで，この二つを別のものとして書いたが，実はとても密接に関係していて，本質的には同じ「一つの理由」と言ってもいいくらいのものである．ではなぜ抽象的で目には見えないものになっているのか，その理由を考えてみよう．

ユークリッド空間 $\mathbb{R}^n$ は，数学が論じられる舞台としての出発点とも言うべきものであろう．後述するように，ユークリッド空間の一般化である距離空間，さらにその距離空間を一般化したものが位相空間と理解することができる．この「一般化」というのが問題で，この過程において，適用範囲を広げるためにそれ自身の持っている必要な性質だけを残して，それ以外の情報は見ないでそぎ落としてしまう．そうしていくことで本質的な部分だけが残る．ある意味これこそが「抽象化」なので，位相空間が抽象的であるというのは，至極当然のことである．我々が知っている，いわば特殊な例から，いらない情報を捨てたので，目に見えるなどの数学的にどうしても必要な情報というわけではない部分，そして人間にとって理解しやすくなる性質が失われる場合がよくある．ユークリッド空間，特に3次元以下のユークリッド空間であれば，目に見えるので理解しやすいであろう．だが，絵に描ける，目に見えるものだけを扱うというのは非常に特殊なものだけを扱っているにすぎない．数学を学べば学ぶほど，絵に描ける状況というのはまれだということに気が付く．絵には描けない，目には見えないものを扱いたいことが多く出てくる．もちろん，それでも落とせない共通の性質があり，それだけを残したのが位相空間と言ってもいいだろう．だから抽象的で目に見えないのだ．

では，そのような抽象的で目にも見えないものをどう理解していけばよいか，ということであるが，一部の天才を除いて，筆者を含めた多くの凡人にとっては，多くの具体例を見ていくことで理解を深めていくのが一般的だと思う．本稿では紙数の関係上，ほとんど例を紹介することはできないが，最後に挙げる参考文献などを見てもらいたい．

2 ── なぜ位相空間が必要か

本稿の目的の大きな一つは，なぜこの「位相空間」という概念が現代数学において必要なのかを読者に納得してもらうことである．しかしこれについて，位相空間の概観を知る前に説明をするのは非常に難しい．しかも，数学のどの分野を勉強するかによって，考え方のポイントが微妙に違うと思う．そのため,「位相空間の必要性」について筆者とは違う考えの数学者も多いと思うが，それを承知で「位相幾何学(トポロジー)」を専門とする筆者の考えを述べてみよう．

集合 X の性質を調べたいという状況を考える．その集合を理解するために，さまざまな集合の性質 $P_1, P_2, \cdots$ を考え，それらが成り立つかどうかを一つずつ調べていき，その情報の積み重ねによって集合 X が見えてくる[1)]．このとき，集合 X に「位相」という構造が付与されているのであれば，たとえば X が「連結」と呼ばれる性質をもつか，「コンパクト」と呼ばれる性質をもつか，などを調べて，それらのことによって X の正体が徐々に明らかになってくる．また同じく集合 X の性質を調べる際に，すでに性質のよく分かっている集合 Y と比較するという方法がある．二つの集合を比較するために，それらの間の「写像」を利用することができる．特に X と Y がともに「位相空間」であれば，写像が「連続」であるか，さらにそれが「同相写像」であるかということは，X の正体を知るための非常に有益な情報となる．このように，集合を調べるために「位相という構造が付与されている位相空間である」という設定があるだけで，とても扱いやすい状況が作られるのである．

上で述べた連続という概念に位相という構造が不可欠であることをもう少し見てみよう．まず思い出してもらいたいのが連続関数である．一変数関数 $f: \mathbb{R} \to \mathbb{R}$ が $x = a$ で連続であるとは，大雑把には，x が a に近づけば，いくらでも $f(x)$ の値が $f(a)$ に近づく，ということであった．ここで，1 次元ユークリッド空間 $\mathbb{R}$ には数直線上での距離というものが定まっているので，「近づく」という意味を数学的に厳密に考えることができる．その距離が短く（小さく）なることが「近づく」ということだ．同じように一般のユークリッド空間 $\mathbb{R}^n$ にも，二点間の距離が直線による最短距離で自然に定義できているので，「近づく」ということを考えることができ，まったく同じように連続という概念を拡張することができる．こう考えると，「距離」と呼ぶべきものが定義されている集合には，「連続」という概念が定義できるということに気が付く．このような $\mathbb{R}^n$ に限らず，「距離」が定義されている集合が「距離空間」である．では，距離が定義されていない集合には連続という概念を考

1）実際に目に見えるという意味ではなく，理解できてくるという意味において．

えることができないのだろうか．それを可能にしているのが「位相空間」である．「位相空間」とは集合に対して，その部分集合が「開集合」であるか否かの判断基準が定められた集合である．距離空間は，その距離を用いて自然に開集合を定義することができるので，必ず位相空間になる．一方で位相空間においては，「距離」は定義されているとは限らないが，「開集合」は定義されている．そして，後述するように「開集合」が定義できている集合には(「距離」が定義されていなくても)連続という概念を定義することができ，これが距離空間における連続という概念の位相空間における拡張となっている．逆に，位相空間の連続写像の例として距離空間の連続写像が得られることも確認できる．つまり連続という概念を拡張して定義するには，位相空間が必要ということになる．

3 ── 位相空間の概観

前節で「位相空間」という概念の必要性を述べたが，そこでは言葉だけでの説明であったので，この節ではもう少し厳密に位相空間の定義を述べたい．そのためにユークリッド空間の確認から始めよう．

定義●実数の組の集合

$$\mathbb{R}^n = \{x = (x_1, x_2, \cdots, x_n) \mid x_i \in \mathbb{R}\}$$

で，$x = (x_1, \cdots, x_n)$，$y = (y_1, \cdots, y_n) \in \mathbb{R}^n$ に対して，

$$d(x, y) = \sqrt{(x_1 - y_1)^2 + \cdots + (x_n - y_n)^2}$$

で x と y の距離を定義したものを，(n 次元)ユークリッド空間と呼ぶ．

ユークリッド空間 $\mathbb{R}^n$ の距離 d は次の性質を満たすことが「シュヴァルツの不等式」などを用いて示される．

定理●任意の $x, y, z \in \mathbb{R}^n$ に対して，

（1） $d(x, y) \geqq 0$ かつ，$d(x, y) = 0 \Longleftrightarrow x = y$

（2） $d(x, y) = d(y, x)$

（3）　$d(x,y)+d(y,z) \geqq d(x,z)$

が成立する.

ユークリッド空間の距離が満たす上記の(1),(2),(3)は非常に本質的な性質であって，逆にこの三つの性質を満たすものは何でも距離と呼ぶことにし，その距離が定義されている集合を距離空間と呼ぶ.

定義●空でない集合 X に対して，X の直積集合 $X \times X$ の実数値関数 $d: X \times X \to \mathbb{R}$ が定義され，それが任意の $x, y, z \in X$ に対して，

（1）　$d(x,y) \geqq 0$ かつ，$d(x,y) = 0 \Longleftrightarrow x = y$

（2）　$d(x,y) = d(y,x)$

（3）　$d(x,y)+d(y,z) \geqq d(x,z)$

を満たすとき，X あるいは (X,d) を距離空間といい，d を X（上）の距離(関数)という.

つまりどんな集合に対してでも，上の(1),(2),(3)を満たす「距離」と呼ぶものを定義してしまえば，距離空間が出来上がる．距離空間の非自明で一番基本的な例がユークリッド空間である．また，同じ集合 $\mathbb{R}^n$ に対して，別の「距離」を定義して別の距離空間とみなすことができることを補足しておく.

距離空間 (X,d) に対し距離 d を用いて，次のように開集合という概念を導入することができる.

定義● (X,d) を距離空間とする．$x \in X$ と $r > 0$ に対して，

$$U(x,r) = \{y \in X \mid d(x,y) < r\}$$

を中心 x，半径 r の開球体といい，X の部分集合 U が，「任意の $x \in U$ に対して，$U(x,r) \subset U$ となる $r > 0$ が存在する」とき，U は X の開集合であるという.

距離空間の開集合を全部集めた集合を考えると次のような性質が成り立つ.

定理●距離空間 (X, d) の開集合全体のなす集合 $\mathcal{U}$ は次の性質を満たす.

（1） $\emptyset, X \in \mathcal{U}$

（2） $U, V \in \mathcal{U}$ ならば $U \cap V \in \mathcal{U}$

（3） $U_\lambda \in \mathcal{U}\ (\lambda \in \Lambda)$ ならば $\bigcup_{\lambda \in \Lambda} U_\lambda \in \mathcal{U}$

この定理は，(2)より有限個までの開集合の共通部分(交わり)は開集合であり，(3)より任意個数の開集合の和集合は開集合である，ということを示している．共通部分と和集合で微妙な違いがあることに注意しておく．

ここでは距離を使って定義される開集合が満たす性質を述べたのだが，位相空間は距離が定義されていない状態でも，上の定理の(1), (2), (3)を満たすものを開集合として定義する．

定義●空でない集合 X に対して，その部分集合の集まり $\mathcal{U}$ が

（1） $\emptyset, X \in \mathcal{U}$

（2） $U, V \in \mathcal{U}$ ならば $U \cap V \in \mathcal{U}$

（3） $U_\lambda \in \mathcal{U}\ (\lambda \in \Lambda)$ ならば $\bigcup_{\lambda \in \Lambda} U_\lambda \in \mathcal{U}$

を満たすとき，X あるいは $(X, \mathcal{U})$ を位相空間といい，$\mathcal{U}$ を位相，$\mathcal{U}$ の元を開集合という．

繰り返しになるが，位相空間には距離が定義されておらず，直接開集合を定義している，ということに注意をしておきたい．つまり位相空間とはその部分集合のどれが開集合であるかを決めた集合で，そのときにその基準が満たすべき条件が上の定義の(1), (2), (3)である．そして与えられた集合 X に対して，開集合の基準を決めること，別の言い方をすると開集合の集まり $\mathcal{U}$ を決めることを X に位相を入れる，あるいは X に位相構造を付与するなどという．一般に同じ集合に対しても，何種類かの位相を入れることができる．たとえばどんな集合 X にも，$\mathcal{U} = \{\emptyset, X\}$ とすると $(X, \mathcal{U})$ は位相空間になるし[2]，$\mathcal{U}$ を X の部分集合全体のなす集合としても $(X, \mathcal{U})$ は位相空間にな

2）これを密着位相という．

る[3)].

このように位相空間は距離空間の一般化，その距離空間はユークリッド空間の一般化，として理解することができる．逆にたどるならば，距離空間は位相空間の特別な例，ユークリッド空間は距離空間の特別な例，とみなすことができる．

4 ― 連続写像

連続関数の一般化として，位相空間に対して連続写像が定義される．

定義●位相空間 X, Y に対して，写像 $f\colon X \to Y$ が「任意の Y の開集合 U に対して，f による U の逆像 $f^{-1}(U)$ が X の開集合である」を満たすとき，f は連続であるという．

この定義だけを見ると，連続関数の一般化になっているとは思えないかもしれないが，次の定理によりそれが確認できる．

定理●一変数関数 $f\colon \mathbb{R} \to \mathbb{R}$ が連続であるための必要十分条件は1次元ユークリッド空間 $\mathbb{R}$ の(通常の)距離 d を用いて定義される任意の開集合 U に対し $f^{-1}(U)$ が開集合になることである．

すなわち，位相空間の連続写像の定義を位相空間の一例としてのユークリッド空間に落とし込んだものが連続関数となっている．逆に言うならば，先に述べたように，連続関数の定義を一般化して(開集合を用いて)連続写像を定義しているし，そのためには開集合を定めるという位相空間を考える必要がある．

位相空間 X, Y の間の連続写像 $f\colon X \to Y$ が全単射で，逆写像 $f^{-1}\colon Y \to$

3）これを離散位相という．

X も連続写像であるとき，f は同相写像であるといい，さらにこのとき X と Y は同相であるという．同相な二つの位相空間は(おおよそ)同じ位相空間とみなすことができる．実際，同相な位相空間は多くの性質を共有する．たとえば，本稿では扱えなかったが，連結やコンパクトなどという性質がそうである．すなわち，同相な一方の位相空間が連結であれば，もう一方の位相空間も連結である．

[1] 集合と位相空間
著／森田茂之
発行所／朝倉書店([講座]数学の考え方)
発行日／2002年6月
判型／A5判　ページ数／232ページ
定価／4180円

5──参考文献

本稿では紙数の都合上，概略を摑むことを主題にして大雑把な書き方をしているし，例もほとんどなく，定理の証明などはまったく書いていない．また，連結やコンパクトも言葉だけで定義もできなかった．それらを補う意味でも，最後に位相空間を勉強するにあたっての参考文献を挙げておく．どれも著名なもので，他所での文献紹介との繰り返しになるかと思うが，次の三冊を挙げる．

まず，森田茂之先生による[**1**]は本稿を書くにあたり，一番参考にさせていただいた．本稿と同じように，ユークリッド空間から距離空間，距離空間から位相空間へと徐々に一般化をしていくことにより，読者が無理なく理解できるように書かれている．また，位相空間において，おおよそ必要となる項目は網羅されているので，手元にあると非常に心強い教科書である[4)]．1章は集合について，2章が位相空間について書かれている．

次に，松坂和夫先生の[**2**]が挙げられる．古典的な名著であり，筆者を含

4）特に筆者のように忘れっぽい人間には，定義を確認するのにとても重宝する．

[2] 集合・位相入門

著／松坂和夫
発行所／岩波書店(数学入門シリーズ)
発行日／2018年11月(初版1968年)
判型／菊判　ページ数／344ページ
定価／2860円

[3] トポロジー入門

著／松本幸夫
発行所／岩波書店
(岩波オンデマンドブックス)
発行日／2012年5月(初版1985年)
判型／A5判　ページ数／316ページ
定価／8800円

めてかなり多くの数学者はこの本で勉強したのではないかと思えるほど有名な本である．この本も前半では集合について解説されており，後半で位相空間について書かれている．

もう一冊，松本幸夫先生による[**3**]を挙げておきたい．この本は位相空間の解説が目的ではなく，位相空間に対して定義される基本群が主題である．基本群を説明するために，最初の約120ページをかけて位相空間とその性質について解説される．この本の位相空間の解説は，後半の位相幾何学の話題である基本群を意識してか，かなり位相幾何学寄りの解説となっていると感じる．それがゆえにとてもイメージしやすいような説明になっていて，筆者自身も学生時代にこの本を読んで位相空間に対しての理解を格段に深めたことを鮮明に覚えている．

ほかにも位相空間を解説している教科書が近年多く出版されているが，すべてを列挙することはできない．ここでは特に初学者にとって，とても有益と思われる上記の三冊を選んだ．自分で手に取って，自分に一番合うと思う本を選ぶのが良いと思う．

「位相」「位相空間」という概念が理解できると数学の世界が飛躍的に大きく広がる．ぜひその感覚を読者にも味わってもらいたい．

群と環
透き通った言葉として

諏訪紀幸

1 ── 初めに

この小文は，抽象代数が数学の学びの上でどのような位置にあるかを眺めたい，群や環に代表される抽象代数の言葉を知りたいあるいは知らねばならぬ状況に追い込まれている，そんな人たちのための案内です．

大学数学科では普通，代数学は群論，環論から始まり，それからガロア理論その他の特論に進むというふうに教程が組まれています．数学全般に言えることですが，それぞれの項目でどこを押さえればよいか，そこを見抜くことが大切です．群論や環論ではそこはとてもはっきりしていて，群論では群の準同型定理，環論では環の準同型定理，そこが押さえ所です．それでは具体的にどう押さえればよいのでしょうか．まずそれぞれの教科書風の記述から始めましょう．

群の準同型定理● $\varphi\colon G \to G'$ を群の準同型とする．剰余環 $G/\mathrm{Ker}\,\varphi$ における $g \in G$ の属する剰余類を $[g]$ で表わす．このとき，写像 $\tilde{\varphi}\colon G/\mathrm{Ker}\,\varphi \to \mathrm{Im}\,\varphi$ が対応 $[g] \mapsto \varphi(g)$ によって定義される．さらに，$\tilde{\varphi}$ は群の同型．

環の準同型定理● $\varphi\colon A \to A'$ を環の準同型とする．剰余環 $A/\mathrm{Ker}\,\varphi$ における $a \in A$ の属する剰余類を $[a]$ で表わす．このとき，写像 $\tilde{\varphi}\colon A/\mathrm{Ker}\,\varphi \to$

$\mathrm{Im}\,\varphi$ が対応 $[a] \mapsto \varphi(a)$ によって定義される．さらに，$\tilde{\varphi}$ は環の同型．

ほとんど同じ文章ですが，とにもかくにも文中に現れている言葉や記号の意味を理解しておく必要があります．それではどんな言葉を押さえればよいのでしょうか．群の準同型定理は群，部分群，正規部分群，剰余群，群の準同型，群の同型という言葉を理解していれば理解できます．一方，環の準同型定理は環，部分環，イデアル，剰余環，環の準同型，環の同型という言葉を理解していれば理解できます．こんなに言葉を覚えなければならないのかとうんざりされるかもしれませんが，これだけで済むのです．また，群の準同型定理と環の準同型定理を並べて書きましたが，どちらかが分かればもう一方は少し手間をかけるだけで分かります．逆に言えば，一方が分からないと分からないの二乗になるということです．分からないの二乗はよく分かるではありません．分からないの二乗は何が何だか分からないです．ですので，ここが押さえ所なのです．

2 ―基本的な言葉を理解する――環論を例として

さて，これも数学全般に言えることですが，基本概念の定義をどう押さえるか．そのこつを説明します．以下，環論を例として話を進めます．まずは教科書風の**環**の定義です．

定義● A を空でない集合とし，写像 $+ : A \times A \to A$，$\times : A \times A \to A$ が定義されているとする．次が成立するとき，A は加法 $+$ と乗法 $\times$ をもつ環であるという．

（I）（加法に関する条件）

（1）（結合法則）任意の $a, b, c \in A$ に対して $(a+b)+c = a+(b+c)$ が成立する．

（2）（零元の存在）$0 \in A$ が存在して任意の $a \in A$ に対して $0+a = a$，$a+0 = a$ となる．

（3）（負元の存在）各 $a \in A$ に対して $-a \in A$ が存在して $(-a)$

$+a=0$, $a+(-a)=0$ となる.

(4) (交換法則) 任意の $a, b \in A$ に対して $a+b=b+a$ が成立する.

(Ⅱ) (乗法に関する条件)

(1) (結合法則) 任意の $a, b, c \in A$ に対して $(a \times b) \times c = a \times (b \times c)$ が成立する.

(2) (単位元の存在) $1 \in A$ が存在して任意の $a \in A$ に対して $1 \times a = a$, $a \times 1 = a$ となる.

(Ⅲ) (加法と乗法に関する条件)

(分配法則) 任意の $a, b, c \in A$ に対して $(a+b) \times c = a \times c + b \times c$, $a \times (b+c) = a \times b + a \times c$ が成立する.

これを見ただけでもうんざりだと言う人も多いでしょう. 実際, 講義をしていても大半がうんざりした顔をしています. でもこの定義に馴染むことが大事です. 落ち着いてそれぞれの条件を読み込んでみましょう. そうすると, 数式の法則として中学校で習った加法に対する交換法則と結合法則, 乗法に対する結合法則, それに分配法則が取り込まれています. これで7条件のうち4条件が片付きました. それから, 零元の存在は $0+1=1$, $0+2=2$, $0+3=3$, $\cdots$, また, 単位元の存在は $1 \times 1 = 1$, $1 \times 2 = 2$, $1 \times 3 = 3$, $\cdots$, いずれも小学校の算数で習ったことを取り込んでいるだけです. また, 負元の存在は $(-1)+1=0$, $(-2)+2=0$, $(-3)+3=0$, $\cdots$, これは中学校ですぐに習う負の数を取り込んでいるだけです. 環は小中学校で習う数式を集合の言葉に乗せて抽象化しただけのものです.

さて, 環の定義は数式の計算規則を集合の言葉に乗せたものですが, その定義を自分の中に落とし込むには例をもって考える, それが次のこつです. これも小中高で習った中に充分な例があります. 整数の集合 $\mathbb{Z}$, 有理数の集合 $\mathbb{Q}$, 実数の集合 $\mathbb{R}$, 複素数の集合 $\mathbb{C}$, いずれも通常の加法と乗法によって環となります. また, 多項式の集合も係数の範囲を整数, 有理数, 実数, 複素数ときちんと指定することによって環となります.

乗法に対する交換法則はどこに行ったのと思われる読者もいるかもしれま

せん．実は正方行列の乗法に対して交換法則は成り立ちませんが，加法に対する交換法則と結合法則，乗法に対する結合法則，それに分配法則は成り立っています．したがって，n 次正方行列の集合も成分の範囲を例えば整数，有理数，実数，複素数ときちんと指定することによって環となります．正方行列のなす環を環に含めることによって環論はますます豊かなものになります．

乗法に対する交換法則「任意の $a, b \in A$ に対して $a \times b = b \times a$ が成立する」はとても重要な性質なので，乗法に対する交換法則が成立する環を**可換環**とよびます．小中高を通して学んださまざまな数の集まり $\mathbb{Z}, \mathbb{Q}, \mathbb{R}, \mathbb{C}$ はいずれも可換環です．

また，乗法に対する逆元の存在に対する条件「$A \neq \{0\}$ で，各 $a \in A$ $(a \neq 0)$ に対して $a^{-1} \in A$ が存在して $a^{-1} \times a = 1$，$a \times a^{-1} = 1$ となる」が成立する環を**体**とよびます．言葉が定義されたとき，その例と反例をいくつか意識しておくことも言葉を理解するためのこつです．$\mathbb{Q}, \mathbb{R}, \mathbb{C}$ は体ですが，$\mathbb{Z}$ は体ではありません．小中では数式の加減乗除について学んでいますが，知らず知らずのうちに小学生や中学生は体の例に触れているのです．

次に，**部分環**の定義に移りましょう．

定義●A を環，B を A の部分集合とする．

（1） $a, b \in B$ なら $a+b \in B$；

（2） $a \in B$ なら $-a \in B$；

（3） $a, b \in B$ なら $ab \in B$；

（4） $1 \in B$,

が成立するとき，B は A の部分環であるという．

この定義の中には，B が A の加法と乗法によって環をなすことが明記されていません．環の定義と部分環の定義を組み合わせればそのことは出るのですが，このような論証をきちんと書き下すことは良い型稽古になります．

部分環の例も，$\mathbb{Z}$ は $\mathbb{Q}$ の部分環である，$\mathbb{Q}$ は $\mathbb{R}$ の部分環である，$\mathbb{R}$ は $\mathbb{C}$ の

部分環である，など中高の数学の中に既に見出せます．

さて，ほとんどの学習者にとって難所となっている事項があります．群論では剰余群，環論では剰余環です．ここでは**剰余環**について説明しましょう．

定義●A を環，$\mathfrak{a}$ を A の部分集合 $\neq \emptyset$ とする．

（1）$a, b \in \mathfrak{a}$ なら $a+b \in \mathfrak{a}$；

（2）$a \in \mathfrak{a}$ なら任意の $r \in A$ に対して $ra, ar \in \mathfrak{a}$,

が成立するとき，$\mathfrak{a}$ は A のイデアルであるという．

定義／記号●A を環，$\mathfrak{a}$ を A のイデアルとする．$a, b \in A$ に対して，$a-b \in \mathfrak{a}$ のとき，$a \equiv b \bmod \mathfrak{a}$ と記す．このとき，同値関係 $\equiv \bmod \mathfrak{a}$ は A の上の同値関係．同値関係 $\equiv \bmod \mathfrak{a}$ による商集合を $A/\mathfrak{a}$ で表わす．さらに，$a \in A$ に対して $A/\mathfrak{a}$ における a の属する剰余類を $[a]$ で表わす．このとき，$[a] = [a']$，$[b] = [b']$ なら $[a+a'] = [b+b']$，$[aa'] = [bb']$．したがって，$[a]+[b] = [a+b]$，$[a][b] = [ab]$ によって加法と乗法がそれぞれ定義され，$A/\mathfrak{a}$ は環となる．$A/\mathfrak{a}$ の零元は $[0]$ によって，単位元は $[1]$ によって与えられる．また，$-[a] = [-a]$．環 $A/\mathfrak{a}$ を環 A のイデアル $\mathfrak{a}$ による剰余環とよぶ．

ここは講義していても大概の学生がうへ～という顔をします．ですので，講義では時間を掛けて解きほぐして説明するのですが，なかなか理解は難しいようです．最も簡単な例で説明します．n を整数とし，n の倍数全体の集合を $n\mathbb{Z}$ で表わします．特に，$2\mathbb{Z}$ は偶数全体のなす集合です．$n\mathbb{Z}$ は整数環 $\mathbb{Z}$ のイデアルです．整数 $a, b \in \mathbb{Z}$ に対して $a \equiv b \bmod n\mathbb{Z}$ は $a-b$ が n の倍数であることを意味します．したがって，$a \equiv b \bmod n$ と同じことです．$\mathbb{Z}/n\mathbb{Z} = \{[0], [1], \cdots, [n-1]\}$ です．このとき，剰余環 $\mathbb{Z}/n\mathbb{Z}$ は n を除数とする余り算によって加法と乗法を定義した環に他なりません．

剰余環 $\mathbb{Z}/2\mathbb{Z}$ の加法と乗法の乗積表を書くと次のようになります．

+	[0]	[1]
[0]	[0]	[1]
[1]	[1]	[0]

×	[0]	[1]
[0]	[0]	[0]
[1]	[0]	[1]

これを小学生でも知っている形に書くと

偶数＋偶数 = 偶数　　偶数＋奇数 = 奇数
奇数＋偶数 = 奇数　　奇数＋奇数 = 偶数

偶数×偶数 = 偶数　　偶数×奇数 = 偶数
奇数×偶数 = 偶数　　奇数×奇数 = 奇数

となります．奇数と奇数を足すと偶数，奇数と奇数を掛けると奇数，そんなことを環の言葉で述べただけです．剰余環は小学生でも知っているのです．ただ，この言い方の中にある論理を意識する必要がある．奇数と奇数を足すと偶数，これは a, b をどのような奇数にとってもその取り方によらず $a+b$ は偶数となる，それを省略した言い方です．そこで無意識に進めている思考を言葉にすると少しばかりややこしい表現になっている．それだけのことです．

これで環論速習講座をひとまず終わりにしますが，環の概念は数式を集合の言葉に乗せたものです．したがって，集合と写像の基本的な作法は修得しておかねばなりません．集合の言葉を知らずに数式を取り扱うのと集合の言葉を知って数式を取り扱うのとでは，汎用性と思考の明晰さに格段の違いが出てきます．

何事も同じですが，枝葉末節に囚われず，本質を捉える，これが学びの要領です．手を抜いて済ませようとしても要領が良いようで却って労力の無駄です．教科書を紐解きながら，誰かと議論しながら，講義を聴きながら，何か自分に合ったやり方で，学びに取り組んでください．

最後に，高校生の知っている群の準同型定理と環の準同型定理の例を挙げておきましょう．一つの例でもって群論や環論における準同型定理までの道筋を自分で辿るのも良い型稽古になります．

例●$U(1)=\{z\in\mathbb{C}\,;|z|=1\}$ と記せば，$U(1)$ は乗法群 $\mathbb{C}^\times=\mathbb{C}-\{0\}$ の部分群．また，写像 $\varphi\colon\mathbb{R}\to\mathbb{C}$ を $\varphi(\theta)=\cos\theta+i\sin\theta$ によって定義すれば，φ は加法群 $\mathbb{R}$ から乗法群 $\mathbb{C}^\times$ への準同型．さらに，φ は群の同型 $\mathbb{R}/2\pi i\mathbb{Z}\xrightarrow{\sim}U(1)$ を誘導する．

例●実数係数多項式 $f(t)$ 全体の集合を $\mathbb{R}[t]$ で表わす．写像 $\varphi\colon\mathbb{R}[t]\to\mathbb{C}$ を $\varphi(f(t))=f(i)$ によって定義すれば，φ は多項式環 $\mathbb{R}[t]$ から体 $\mathbb{C}$ への環の準同型．さらに，φ は環の同型 $\mathbb{R}[t]/(t^2+1)\xrightarrow{\sim}\mathbb{C}$ を誘導する．

最後の例は高校で学ぶ剰余定理の言い換えです．剰余定理の仕組みが分かれば剰余環の発想も分かります．

3 —— 抽象代数は大学数学のなかでどのような意義をもっているのか

抽象的な議論と言うとわけが分からない議論という文脈で捉えられることが多いのですが，千変万化する現象の本質を見抜きそれを言葉にする，そこに抽象化の意義があります．「一を聞きて以て十を知る」は論語にある有名な言葉ですが，抽象化によって「一を聞いて無限を知る」ことができます．

群も環も数学のあらゆる分野で基本的な枠組みを提供する概念となっていますが，「群が作用する集合」「環が作用する可換群 = 環の上の加群」，これも数学のあらゆる分野で出会う考え方です．「体の上の加群 = 体の上の線型空間」に至っては理工系の学科では必須である線型代数学の主題です．もちろん，大学初年次の講義で扱われるのは普通「実数体 $\mathbb{R}$ の上の線型空間」です．しかし，多くの教程で最初の修行として課される掃出法(はきだしほう)は実数に対して加減乗除の四則が自由にできることだけに依っています．したがって，四則で閉じた体系である体の上の線型代数でも掃出法は有効な手法です．「実数

体 $\mathbb{R}$ の上の線型代数」を基に「一般の体の上の線型代数」をたちどころに覚(さと)ることができます．一を聞いて無限を知るの一例です．

それでは，具体的な例で解析学に現れる環について説明しましょう．数式のなす可換環の一般化として函数のなす可換環があります．

U をユークリッド空間 $\mathbb{R}^n$ の開集合とし，$\mathscr{C}(U)$ によって U の上の実数値連続函数全体の集合を表わすことにします．このとき，$\mathscr{C}(U)$ は函数の和と積によって可換環となります．ここで連続函数の和積は連続であることを当然のこととしていますが，これは $\varepsilon\delta$ 論法によって証明が必要な命題でした．

また，U をガウス平面 $\mathbb{C}$ の領域とし，$\mathscr{O}(U)$ によって U の上の正則函数全体の集合を表わすことにします．このとき，$\mathscr{O}(U)$ は函数の和と積によって可換環となります．ここでは正則函数の和積は正則函数であることを当然のこととしていますが，これも証明が必要な命題でした．別に環の言葉を持ち出さずとも，複素函数論の講義は進められますが，$\mathscr{O}(U)$ という環を意識することによって思考を明晰にすることができます．例えば，$V \subset U$ をガウス平面 $\mathbb{C}$ の開集合とすれば，定義域の制限によって得られる写像 $\mathscr{O}(U) \to \mathscr{O}(V)$ は環の準同型ですが，ここまで来れば層の概念の一歩手前です．ちなみに制限写像 $\mathscr{O}(U) \to \mathscr{O}(V)$ は単射ですが，これは一致の定理の帰結です．一致の定理は複素函数論における重要な定理ですが，このように環論の言葉で言い換えると新しい気付きの手掛かりになるかもしれません．

さて，非可換環の例を高校数学に題材を取って説明しましょう．形式的な有限和

$$\sum_{k \geqq 0} a_k(t)\partial^k \qquad (\text{各 } k \text{ に対して } a_k(t) \text{ は実数係数多項式})$$

全体のなす集合を $\mathscr{D}$ によって表わすことにします．$\sum_{k \geqq 0} a(t)\partial^k$ の意味は $f(t) \in \mathbb{R}[t]$ に対して

$$\left(\sum_{k \geqq 0} a(t)\partial^k\right) f(t) = \sum_{k \geqq 0} a_k(t) \frac{d^k}{dt^k} f(t)$$

を対応させる写像です．$\mathscr{D}$ の元は微分作用素とよばれています．さて，微分作用素に対して和が，さらに合成によって積が定義されます．積について見てみましょう．$A, B \in \mathscr{D}$ に対して写像の合成 $A \circ B$ を $[A, B]$ と記すことに

します．k, l を整数 $\geqq 0$ とすれば，

$$[\partial^k, \partial^l] f(t) = \frac{d^k}{dt^k}\left(\frac{d^l}{dt^l} f(t)\right) = \frac{d^{k+l}}{dt^{k+l}} f(t)$$

なので，

$$[\partial^k, \partial^l] = \partial^{k+l}$$

が成立します．また，

$$[a(t), \partial] f(t) = a(t)\left(\frac{d}{dt} f(t)\right) = a(t) \frac{d}{dt} f(t)$$

なので，

$$[a(t), \partial] = a(t)\partial$$

が成立します．一方，

$$[\partial, a(t)] f(t) = \frac{d}{dt}(a(t) f(t))$$

$$= a'(t) f(t) + a(t) \frac{d}{dt} f(t)$$

なので，

$$[\partial, a(t)] = a'(t) + a(t)\partial$$

が成立します．したがって，$\mathscr{D}$ の乗法に対しては交換法則が成立しません．$\mathscr{D}$ が環であることを確認する作業は格好の基本練習です．

高校数学に題材を取ったので多項式環 $\mathbb{R}[t]$ の上の微分作用素の環について説明しましたが，「微分する」ことが意味を持つ可換環に対してその上の微分作用素のなす環を定式化するのは，集合あるいは環について基本的な作法を心得ていればたやすいことです．多項式環を正則函数のなす環，あるいは，有理型函数のなす環に置き換えて微分作用素の環を考えれば，微分方程式の理論の枠組みを入手できます．環論の言葉を持ち出さずとも個々の微分方程式は扱えますが，環論の言葉を持ち出すことによって総合的な視点を得ることができます．

4 ―― だけど何が何だか分からない

さて，数学科だけではないと思いますけれど，大学に入って何が何だか分

からなくなったという人は多いでしょう．数学はたしかに難しいと思いますが，法学でも経済学でもその他さまざまな分野でも専門的に勉強しようと思えばどれも難しいのではないでしょうか．それぞれの分野でプロになるにはそれだけの修練が必要だ，当たり前のことです．筆者の職場である大学では，大学に入ったものの中高までの学びのあり方とあまりに異なる大学での学びに戸惑っている学生がかなりいるようです．最近は大学教育も随分親切になりましたが，ベビーカーから降りて自分で歩こうとすれば，どこかで転換が必要です．

何が何だか分からない，そんな人たちのために宮沢賢治『注文の多い料理店』の序から引用しておきます．

> ですから，これらのなかには，あなたのためになるところもあるでせうし，ただそれつきりのところもあるでせうが，わたくしには，そのみわけがよくつきません．なんのことだか，わけのわからないところもあるでせうが，そんなところは，わたくしにもまた，わけがわからないのです．
>
> けれども，わたくしは，このちいさなものがたりの幾きれかが，おしまひ，あなたのすきとほつたほんたうのたべものになることを，どんなにねがふかわかりません．

わたくしにもまたわけがわからない，何が何だか分からない，そのことが分かっていれば何が何だか分からないでも構わないように思います．ただ，勘違いは不幸です．高校時代が自分の数学の全盛時代だったという学生によく出会います．それは，できるように作られた問題を決まり切った解法で解けた，それを数学が得意だと勘違いしていただけのことです．中高の定期試験なら解法を暗記すれば考える手間を省いて効率よく良い成績が取れるかもしれません．大学入試とてすかすかになってしまった高校数学のカリキュラムに対応して作題されていますので，流布している解法一覧を暗記して合格に至ることもあるでしょう．ただ，それだけでは東ロボ君の出来損ないです．

解法暗記型の勉強で見掛けの成績は良い，それは糖脂塩三拍子揃った高カロリーの食べ物でぶくぶくに太ってしまった，1階から3階に上がるのにもエレヴェーターを使う，それで体格がいいと錯覚するようなものです．宮沢賢治の言う透き通った本当の食べ物とは四合の玄米だったのでしょうか．それはさておき，代数学に限らず数学において無駄なく美しく述べられたさまざまな言葉が皆さんの心の滋養となることを願います．

5 ── 初学者に薦める本

『代数と数論の基礎』[**1**]は，「初等整数論」「環と体」「群」の章立て．どちらかと言えば標準的な並びではありませんが，小学校以来お馴染みの整数の加減乗そして整除の中に代数学の祖型を見出す，これは筆者の姿勢と共通しています．代数学の標準的な項目であるガロア理論まで至っていませんが，入門書であることを意識してまとめたと著者が書いているように，その記述は懇切丁寧です．また，脚註が面白く，この味が分かれば数学だけではなく世の中の酸いも甘いも分かるようになると思います．

[1] **代数と数論の基礎**
著／中島匠一
発行所／共立出版
（共立講座 21世紀の数学）
発行日／2000年11月
判型／A5判　ページ数／308ページ
定価／4180円

『代数学』[**2**]は，「群」「環」「環上の加群」「体とガロア理論」の章立て．こちらの方が標準的な並びです．それぞれの章の内容をしぼっていて，学部段階の代数学の教科書として標準的です．

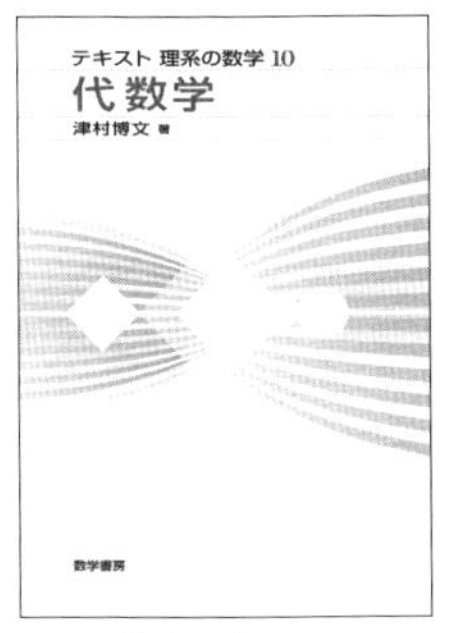

[2] **代数学**
著／津村博文
発行所／数学書房
（テキスト 理系の数学）
発行日／2013年11月
判型／A5判　ページ数／224ページ
定価／2530円

『代数学』[**3**]は，「記号述語の説明」

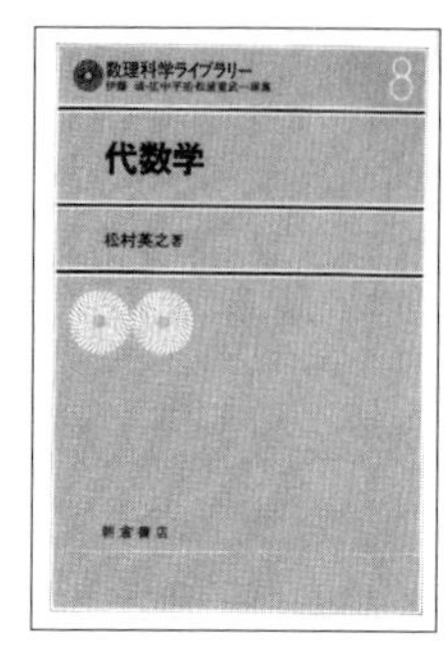

［3］**代数学**

著／松村英之
発行所／朝倉書店
（数理科学ライブラリー）
発行日／1990年3月
判型／A5判　ページ数／216ページ
定価／3960円

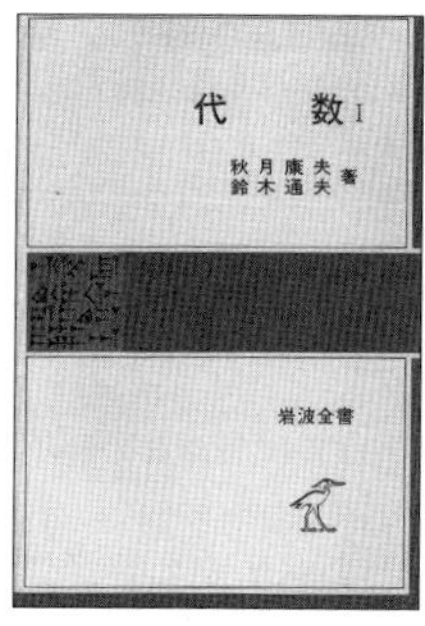

［4］**代数（I，II）**

著／秋月康夫，鈴木通夫
発行所／岩波書店（岩波全書）
発行日／1952年10月（I，IIとも）
判型／B6判（I，IIとも）
ページ数／（I）294ページ，（II）352ページ

「群，環，体」「群」「加群」「体の拡大」「代数幾何学」の章立て．これだけのページ数によくこれだけの内容を盛り込んだと感心させられます．［**1**］［**2**］のような入門書あるいは要説で代数学の基本を学んだ後で，さらに続論を学びたい方に薦めます．最後の章は，ヴェイユによる抽象代数幾何学の確立からグロタンディクによるその大改造に同時代者として立ち会った著者の息吹が感じられます．

筆者の大学入学はほとんど半世紀前のことで，［**1**］［**2**］［**3**］すべてありませんでした．代数学を勉強するに当たって一番の核となった本は『代数』［**4**］の改訂前の版である『高等代数学』でした．今になって思えば背伸びしていたようにも思いますが，当時はそんなに代数学の本はなかった，特に［**1**］［**2**］のような初学者向けの本はなかったように思います．［**4**］の最後の章では，［**1**］［**2**］［**3**］に書かれていない，あるいは詳しく書かれていない非可換代数について詳しい説明があり，何と局所体のブラウアー群の決定さえ述べられています．整理が行き届いていない記述もありますが，今読んでも何か熱気を感じます．

熱気と言えば，『輓近代数学の展望』［**5**］も学生時代に熱気を感じた本です．これはダイヤモンド社から1970年に出版されたものの文庫版です．前篇は1941年に弘文堂から出版されていて，ダイヤモンド社版で後篇が追加されたとのことです．前篇は代数学への誘いですが，それを教科書に仕立て上げたのが[4]であるとも言えます．後篇は代数幾何学や複素解析幾何学についての啓蒙記事で，層が複素解析幾何学に取り入れられた当時の研究の熱気が伝わってきます．どうしてこれが代数学の展望なのかとも思いますが，著者の大学時代からの友人であった岡潔先生が層の概念に至ったとき，不定域イデアルと名付けたことから想像されるように，そこに何かしら代数学に由来する発想があったのでしょう．たしかに連接層は環の上の加群の一般化です．教科書で勉強する傍ら，このような啓蒙書を読むと学びもぶ厚くなることでしょう．

[5] 晩近代数学の展望

著／秋月康夫
発行所／筑摩書房（ちくま学芸文庫）
発行日／2009年12月
判型／文庫判　ページ数／512ページ

「微分方程式論」の道しるべ

坂上貴之
●京都大学大学院理学研究科

微分方程式とは，関数とその微分が満たす関係式のことである．関数の微分は高校でも習うから，微分方程式を書くこと自体はそう難しくない．例えば，実数 t の関数 $u(t)$ が，その微分 $u'(t)$ に比例するという関係式

$$u'(t) = u(t)$$

は微分方程式である．一般に，ある $n+2$ 変数関数 $F(x_0, x_1, x_2, \cdots, x_{n+1})$ に対して，関数 $u(t)$ とその $1 \leqq k \leqq n$ 階までの微分 $u^{(k)}(t)$ の関係式

$$F(t, u(t), u^{(1)}(t), \cdots, u^{(n)}(t)) = 0$$

を n 階の常微分方程式という．また，関数が多変数関数であるときは，その偏微分と自身の関係式を書くこともできる．その場合を偏微分方程式と呼ぶ．

分岐点――なぜ学び，どこへ行くのか

私たちはなぜ微分方程式を学ぶのだろうか．例えば高校で習う質点運動の基礎方程式(ニュートンの運動方程式)は質点の位置に関する2階の常微分方程式であるが，これを解くことを通じて天体の運動などが正確に予測できるようになった．このことからもわかるように，微分方程式はニュートンの時代以来，信頼と実績の自然現象の数学的記述法として，その理解や定量的な予測に本質的に貢献してきた．だから，微分方程式は自然現象を理論的に扱うための現代科学の基本的技法(Art)として身につける必要がある．一方，

大学数学の教育課程としては，初年次に微分積分学や線形代数学を学んだ後に二年生で常微分方程式を学ぶのが通例であり，それにより数学の学習が一つ前進する．このように，現代において科学や数学を目指す若者にとって常微分方程式の学習は避けては通れないのである．

では，常微分方程式を学んだ後，我々はどこに向かうのだろうか．一つの行き着く先が偏微分方程式の理論とその解法である．物理現象の数理モデルとして現れるマクスウェル方程式(電磁気学)・シュレーディンガー方程式(量子力学)・ナヴィエ-ストークス方程式(流体力学)・ボルツマン方程式(統計力学)などの偏微分方程式の解を調べることにより，これらの現象をよりよく理解できるようになる．さらに，近年では生命や環境といった諸現象が微分方程式による数理モデルという形で理論的に定式化され，それらを解くことが求められることも多い．数学的には，これから見るように常微分方程式の内容は代数学・幾何学・解析学の発展を駆動してきた．このように，微分方程式の学習を通過した先に学生が進む道は理論から応用まできわめて多様である．そうした意味で，常微分方程式は重要な「分岐点」として位置づけられる．

常微分方程式の講義内容は大学や学部によって異なる部分も多いけれども，ここでは少し範囲を広く取ってその内容を列挙し，「常微分方程式」で何を学ぶのか，そして後に続く大学で学ぶ内容へどうつながっていくのか，その学びのポイントなどを示しつつ，学習者の道しるべとしてみたい．

故きを温ねて方程式の解き方を知る

初等解法

変数分離型・同次型・線型・リッカチ型など特定の形をした微分方程式の解法を学ぶ．こうした解法は実用上重要であるだけでなく，個別解法の枠を超えて多くの偏微分方程式の解法へも拡張できるため，しっかりマスターしたい．

初期値問題の解の存在定理

二次方程式がいつも実数解をもつとは限らないのと同じく，微分方程式も常に解をもつとは限らない．したがって，微分方程式が解をもつかどうか調べるのは基本的な問題である．

これについて少し考えてみる．いま，任意の実数 a に対して $u(t) = a\mathrm{e}^t$ は，1 階の常微分方程式 $u'(t) = u(t)$ を満たすので，解はすべての実数に対応して無限個存在する．そこで，例えば $u(0) = 1$ と条件を与えれば，解は $u(t) = \mathrm{e}^t$ のように一つ確定する．このような条件を初期条件(初期値)と呼ぶ．荒っぽく言えば，1 階の常微分方程式を解くことは積分を一回行うことに相当するから，それに応じて積分定数が出現し，これを定めるのに初期値が必要なのである．この見方を一般化すれば，n 階の常微分方程式に対しては n 個の条件が必要である．同じ点での関数およびその微分に関する条件をすべて与えれば初期条件といい，異なる点でそれらの条件を与えると境界条件という．

常微分方程式の講義では，最も基本的な 1 階の常微分方程式の初期値問題

$$u'(t) = f(t, u), \qquad u(0) = a \tag{1}$$

の解の存在と一意性の理論を学ぶ．いま，M を $(0, a)$ を含む有界閉領域とし，$f(t, u)$ をその上の連続関数とする．このとき t によらない定数 $L > 0$ が存在して，任意の $(t, u), (t, u') \in M$ に対して

$$|f(t, u) - f(t, u')| \leqq L|u - u'|$$

が成り立つとき $f(t, u)$ は“u についてリプシッツ連続”であるという．このとき，ある $\delta > 0$ が存在して $-\delta \leqq t \leqq \delta$ の時間で(1)に解が存在して，それが一つであることが証明できる．これは微分積分学における関数列の一様収束概念の重要な応用となっており，微分積分学を学んだご利益を実感できる．

一方，f が連続関数のとき，解の一意性はもはや成立しないが，解の存在はアスコリ-アルツェラの定理という連続関数の空間の位相的性質を用いて証明できる．これは抽象的な微分方程式論への導入となり，2 階微分方程式の境界値問題(ストゥルム-リューヴィル理論)を経て関数解析学やフーリエ解析などによる偏微分方程式論へと展開していく．そのため，本格的な微分方程式論の数学を目指すものにとって最も重要な内容である．

線型微分方程式の理論

与えられた関数 $a_k(t)$, $1 \leqq k \leqq n$ と $f(t)$ に対する $x(t)$ の線型微分方程式

$$x^{(n)}(t)+a_1(t)x^{(n-1)}(t)+\cdots+a_n(t)x(t)=f(t)$$

の解法を学ぶ．$f(t) \equiv 0$ のとき，この方程式を斉次方程式と呼ぶが，線型性(解の重ね合わせ)により，その一般解は線型独立な n 個の関数 $x_k(t)$, $1 \leqq k \leqq n$ の線型結合で与えられる．$f(t)$ が恒等的にゼロでない非斉次の場合，解はこの一般解と特解により構成できる．特に，係数関数が定数の場合には，演算子法や行列の指数関数などを用いた具体的な解の表示が与えられ，理工系の各分野に現れる常微分方程式を扱う上でも有効であり，これらの習得なしに微分方程式を学んだとはいえないであろう．

級数解法

線型微分方程式の解を整級数(無限多項式)として形式的に表示して，その係数を漸化式などから逐次的に求めた後，その収束半径を調べて解を構成する方法である．微分積分学で学ぶ関数項級数の応用でもある．この解法は複素領域上の線型微分方程式(フックス型)の理論へと一般化される．また，ベッセル関数などの物理や工学で欠かすことのできない特殊関数論などにもつながる．

それでも方程式は解かねばならない

現象を記述するのは方程式ではなく，その解であるから，方程式は解かねばならない．しかし，具体的に解ける微分方程式はきわめて少ない．また，いくら解の存在と一意性が保証されていても，その解がどのような性質を満たすかを知ることは容易ではない．だからといって，解があることを知るだけで満足したり，解けないといって諦めたりするのは正しい態度ではなかろう．方程式を立てた以上，それでも我々は何とかして解の性質を知りたいのである．そのためにさまざまな数学的アプローチが知られている．代表的なものを二つ紹介しよう．

“幾何学的に”解く ＝ 力学系理論

微分方程式のある解に注目して，その定性的性質を位相幾何学的に調べる．例えば時間によらず変化しない解(定常解)が微小な摂動を受けたときに，その近くにとどまり続けられるかといった安定性の問題などがある．また，一定周期でもとの状態に戻る周期解，(不)安定多様体や中心多様体といった特徴的な解軌道の存在，標準型理論や分岐理論などさまざまな方法により詳細に解の性質を明らかにすることもできる．特に，決定論的な常微分方程式の解であるにもかかわらず，初期値の誤差に鋭敏に反応し，予測が困難となるような複雑挙動を示す“決定論的カオス”と呼ばれる解の性質が明らかになったことは，この方向の大きな成果である．数学としては力学系理論という形で一般化されていく．

“計算機で”解く ＝ 数値解法

現代では微分方程式を計算機で解くこともよく行われる．しかし，この数値解法は決して万能ではない．元来，解である関数の存在する空間は無限次元であり，それを有限次元しか扱えない計算機で「近似」するのだから，その近似解が真の解にどれくらい近いかを知らずして，計算結果を信用するのは危険である．こうした近似精度を数学的に考える分野として数値解析がある．一方で，信用できるかどうかわからなくても，与えられた微分方程式の解を数値的に求めることは，すべての科学分野において強く要請されるので，多くの数値解法を学ぶことも実用上重要である．その危険性を知りつつ，有用なら数値計算で解を構成するという柔軟性もときには必要だろう．

そして偏微分方程式へ…

一変数関数の微分積分学が多変数関数へと拡張されるとき，多くの諸概念が一般化されるのと同様，多変数関数に対する偏微分方程式も常微分方程式の解法や理論が拡張され内容は高度になる．例えば，常微分方程式は解の存在はきわめて自然な関数に対して保証されるが，偏微分方程式については，たとえそれが何かの現象の観察や考察に基づいて，関数の満たすべき関係を自然な形で書き下したからといって，それに解があるとは限らない．むしろ，適切な関数空間で解をもつ偏微分方程式は，ほとんどないのではないかという印象すら私はもつ．そのため，偏微分方程式論では，石橋をたたくように代表的な線型方程式の解の構成方法を学んだあとで，非線型偏微分方程式の解の存在や一意性をどう保証するかという(関数解析的)理論へ進むことになる．そもそも解がなければ，前述の力学系理論による解法も数値解法も意味をもたないのだから，この方向はまったく正しいが，解の性質を知るという本来の目的からは少し遠く，隔靴掻痒の感がある．

偏微分方程式を学ぶ者にとってのジレンマは別のところにもある．数学で偏微分方程式論が講義として扱われるのは大学四年生以上になってからのことが多いが，数学以外の分野では自然現象や工学的な問題の数理モデルとして，それよりも前に(当然のことのように)取り扱われる．例えば，波動・振動(波動方程式)や熱方程式，ポアソン方程式(電磁気学)などは大学初年次に講義され，体系的に微分方程式の理論を学ばない中では，学生にとって非常にストレスである．(私も学生のころはそうであった．) しかし，そこで先を急がず，決して諦めず微分方程式論とその応用先の方程式の扱いを同時進行的に両輪として学ぶことで，将来には応用上も重要かつ魅力的な多くの偏

［1］微分方程式の基礎

著／笠原晧司
発行所／朝倉書店
（数理科学ライブラリー）
発行日／1982年6月
判型／A5判　ページ数／216ページ
定価／3960円

［2］常微分方程式論

著／柳田英二，栄 伸一郎
発行所／朝倉書店
（［講座］数学の考え方）
発行日／2002年1月
判型／A5判　ページ数／224ページ
定価／4180円

微分方程式を正しく扱えるようになるだろう．この意味でも偏微分方程式論の道は険しいが，とても楽しい．

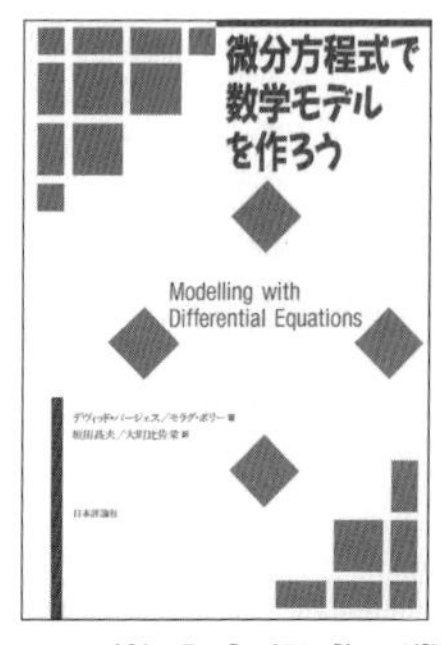

［3］**微分方程式で数学モデルを作ろう**

著／D. バージェス，M. ボリー
訳／垣田髙夫，大町比佐栄
発行所／日本評論社　発行日／1990年4月
判型／A5判　ページ数／232ページ
定価／3850円

微分方程式を学ぶ心構え五箇条

以上のように微分方程式論は理論でも応用でも学ぶ意義は大きい．学ぶ際には，次の五つのことを心得たいものである．

一．微分積分学や線形代数学の成果を享受しよう．微分積分学や線形代数学はすべての数学の基礎である．これらを理解しなければ，その上にはどんな数学も積み上げることができないが，それは大学教員としての後知恵である．学生にとって，これらの科目の学習は技術的で理論的(ときに退屈)でもある．その必要性を豊富な例とともに教えられればよいのだが(実際そういう講義もたくさん行われているであろうが)，限られた時間の中，教えるべき内容があまりに多くて，そこまでなかなか踏み込めないのも現実である．しかし，微分方程式の講義において線型常微分方程式の解法や解の存在と一意性の証明を学べば，これらの基礎がどう活かされ，どう我々に恩恵をもたらすかを知ることができる．これを深く味わいたい．

二．微分方程式論という知的財産を受け継ごう．現象の満たすべき局所的な関数関係さえ記述すれば，その微分方程式を解くという「魔法のような」作業を通じて，我々は未来を相当な確度をもって予想できるようになる．その意味でも微分方程式の解法は人類の科学の歴史の中で積み上げられた知的財産である．これらの解法を知り理論を知ることで，我々は新しい解法を提案したり，新しい数学分野を創出したりもできる．数学の成果は塗り替えられるべきものではなく積み上げられるものなのである．

三．微分方程式論からの数学的広がりを感じよう．常微分方程式で学ぶさまざまな解法や理論が，偏微分方程式の理論へ拡張されるとき，その数学的内容は豊かになる．例えば，微分方程式の解は関数である以上，それが属する関数空間は無限次元であり，有限次元の空間よりもはるかに複雑で面白い性質をもつ．そのため，解析学分野に重要なモチベーションを与えている．また，微分方程式の解構造を調べるときは代数的なアプローチが役立ち，力学系理論は微分方程式を幾何的に解くという新しい地平を開き，数値解析は数学とその応用の協奏を長年にわたり促している．こうした微分方程式に駆動された数学のさまざまな姿に触れ，全体を俯瞰できるようになれば，数学を学ぶことの楽しさを実感できるに違いない．

四．モデルを立て，方程式を解こう，解を見よう．微分方程式は無から生まれるものではない．それが記述の対象とする現象があって初めて現れる．我々は現象の数理モデルとして微分方程式を作り，微分方程式論の成果を活かして，それが解けるか，またどう解くかを考えることができる．だから，どんどん数理モデルを立ててみよう．そして解こう．また，具体的にパソコンなどで解を表示して，その美しい様子を眺めてみよう．実践こそが理解への近道である．

五．そして解の教えに耳を傾けよう．微分方程式論で中心的な課題になる解の存在といった数学的側面だけにとらわれず，それらの解が対象としている現象の理解に与える意味の考察を怠らないようにしたい．理論に興味がある

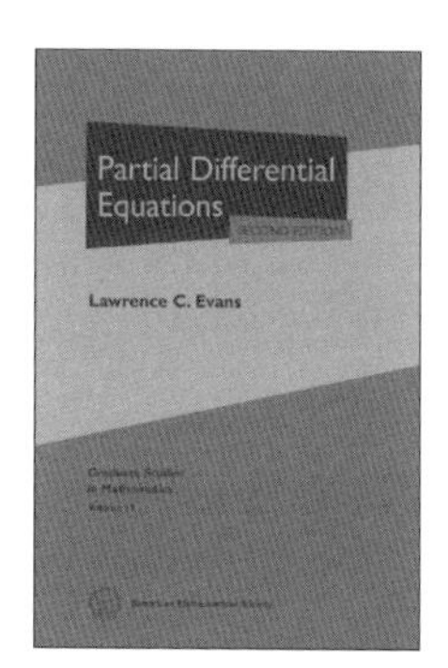

［4］**Partial Differential Equations**
(second edition)
著／L. C. Evans
発行所／American Mathematical Society
発行日／2010年4月
ページ数／749ページ

学生も，対象の理解への正しいモチベーションに駆動された理論は非常に意義深い成果を我々にもたらしてくれることを肝に銘じたい．解が現象に教えてくれることに真摯に耳を傾けて，その面白さや意義を見落さないようにしよう．

［5］**数理物理学の方法**(上・下)

著／R. クーラント，D. ヒルベルト
訳／(上)藤田 宏，高見穎郎，石村直之
(下)藤田 宏，石村直之
発行所／丸善出版
発行日／(上)2013年1月，(下)2019年9月
判型／A5判
ページ数／(上)324ページ，(下)402ページ
定価／(上)4180円，(下)4620円

［6］**偏微分方程式**
科学者・技術者のための使い方と解き方

著／S. ファーロウ
訳／伊理正夫，伊理由美
発行所／朝倉書店　発行日／1996年12月
判型／A5判　ページ数／424ページ
定価／6820円

初学者に薦めたい本

微分方程式の教科書は数多いので，どれを選ぶかは多分に筆者の趣味に負うところが大きいが，例えば基本的内容をしっかりと書いてある教科書として『微分方程式の基礎』[**1**]はお薦めである．また，『常微分方程式論』[**2**]は具体例もたくさんあって確実に我々の力となる．初学者にとって必要な微分方程式の理論は，ほぼこれらの本に書かれている．微分方程式の導入として数学モデルをどう作り，その解析から何を学ぶかという考え方を理解するため，『微分方程式で数学モデルを作ろう』[**3**]は参考になる．学部二年生程度で学ぶ微分方程式でも，実にさまざまな問題に豊かな示唆を与えてくれる．昨今は微分方程式を単なる解析学の一分野だと思い込んでいる数学の学生も多いようだが，そのような学生は自らの固定観念を打ち砕くべく，こうした本を読んでおくとよいであろう．

偏微分方程式については，専門家による高度な数学的理論が書かれた良書は多いが『Partial Differential Equations』[**4**]がよい．英語で書かれているが内容は読みやすく，日本語で書かれた高度な教科書にトライするより得るものは大きい．一方で，具体的に物理や工学に現れる偏微分方程式をどう解くかといった観点での本は多くはない．古典的には『数理物理学の方法(上・下)』[**5**]を読めばよいのかもしれないが，他にも学ぶべきことが多い今の若者にはこの本は読み通すのは至難の業かと思う．もう少し読みやすい本としては，『偏微分方程式』[**6**]は直観的理解と理論的記述のバランスを失わずに書かれたよい本だと思う．さらに，広い豊かな現象と微分方程式の世界を感じたいのであれば『日常現象からの解析学』[**7**]が味わい深い．本書では，微分方程式だけが取り扱われているわけではないが，諸現象の理解に数学がどう関わってきたかということがよくわかる．ぜひ一読をお勧めしたい．

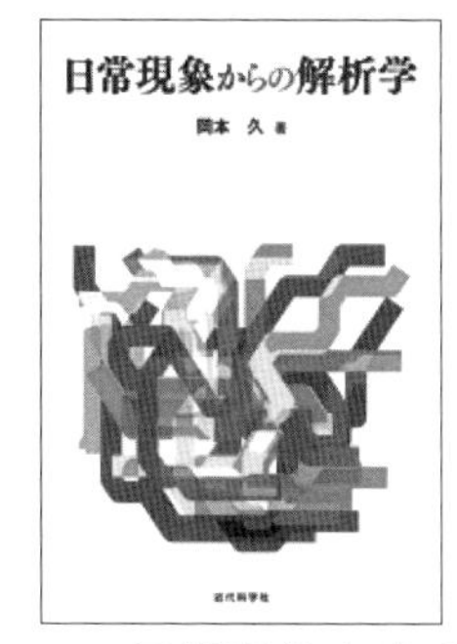

[7] **日常現象からの解析学**

著／岡本 久
発行所／近代科学社　発行日／2016年2月
判型／菊判　ページ数／256ページ
定価／3960円

時代が求める統計学

廣瀬英雄

●中央大学研究開発機構／久留米大学バイオ統計センター

数はゆらいでいる

傘の形の画鋲を投げてみる．あるときには針先は上を向き，あるときには下を向いて，1回投げた結果は最後に落ち着くまでは分からない．傘の形が安定しているので，かなり高い頻度で針先が上を向くと思うかもしれない．実際に観測してみると，針先が上を向くのはおおよそ3回のうち2回である．つまり，画鋲の針先が上を向く割合は $\frac{2}{3}$ に近い．しかし，その割合は，投げる人によっても，時刻によっても，回数によっても異なっていて定まってはいない．割合の数はある一点の近くのどこかにあるというだけである．実際に100個の画鋲を103回投げて針先が上を向く数を数えた結果，平均は64.06，標準偏差は4.85であった．

高校までの数学で扱ってきた数は，数直線の上のある一点にしがみつくと，そこからは微動だにしない性格を持っていることが多かった．したがって，ある数 a にある数 b を加えた数 $a+b$ の数直線上での位置は厳密に一点に決まりそこからは動かない．それは誰が計算しても何回計算しても同じ結果になる．底辺の長さが12 cmで高さが5 cmの直角三角形の斜辺の長さはちょうど13 cmになるというような，足し算よりはちょっと複雑に見える計算でも，頭の中で考える限り，やはりその結果は変わらない．数学で扱う数とはそんな固いものだと小学校，中学校，高校と長い間教えられ，そういう固い数の演算に十分に慣らされてきた.

しかし，画鋲が上を向く割合のように，日常観測される数値は必ずしも厳密に一点から微動だにしないものではない．むしろほとんどが，ある一点のまわりにぼんやりとその位置を占めていてゆらいでいる．そんなゆらぎを持ったやわらかい数を扱った計算には直感が働かない．だから，確率現象の予想外の計算結果に驚くことがしばしば起こる．しかし，それは，確率現象の計算がゆらぎを伴っているため複雑だからというよりも，そんな計算に慣れる経験がこれまで少なかったので予想がつけにくかっただけである．慣れれば確率現象の予測もできるようになる．

大学で確率を学ぶとき，このゆらぎ全体を表現した数である確率変数(X のようにアルファベットの大文字で表す)と，ゆらぎの一瞬をとらえ観測されて表に出てきた数(x のようにアルファベットの小文字で表す)が出現する．それらはこれまでに親しんでこなかった新しい概念を持つ数であるため戸惑うことが多いようである．しかし，確率を理解する一歩は，これら両者の違いを理解し，それらを使いこなせるようになることから始まる．例えば，数直線上の x をストッパーとみなし，ゆらぐ数 X が動ける領域 $\{X \leqq x\}$ での(X の出現)確率 $P(X \leqq x)$ を $F(x)$ と表すとき，とらえどころのなかったゆらぐ数 X の性格は $F(x)$ を使うことで確認できるようになるし，解析的に取り扱うこともできる．この $F(x)$ が累積分布関数と呼ばれるものである．そうすると，高校までのほとんど勘と公式に頼っていた確率の計算から解放され，一挙に確率の深遠な世界に入っていけるようになる．

国家試験正解率に観るゆらぎ

以前，大学1年の確率統計の授業で「自分でデータを観測してそのデータを分析しなさい」という課題を出したところ，次のようなおもしろい実験をした学生がいた．

臨床工学技士国家試験は，五者択一問題が午前と午後でそれぞれ90問用意され，両者を合わせて6割以上正解すると合格という試験である．過去の試験問題等が公開されているので，まだ何も受験の準備をしていない状態で

表 1

年度	午前の正解数	午後の正解数	正解率
平成 25 年度	27	18	0.25
平成 26 年度	22	24	0.26
平成 27 年度	19	20	0.22
平成 28 年度	21	15	0.20
平成 29 年度	23	22	0.25

受験したらどうなるか，自分で試したというのである．その結果は表 1 のとおりであった．

試した理由は，「勉強しないでもまぐれで合格することがあるのではないか」というのを実際に確認したかったようである．まったく予備知識がない状態では，デタラメに回答すると正解率は 0.2 に近くなるだろうということはすぐにわかる．しかし，ひょっとして 5 年分のうち 1 回くらい成績が良いかもしれないという期待感があったのだろう．そこには，理論や経験を裏付けにした直感はない．

表 1 を見ると，平成 25 年度から 29 年度までの正解率は似通っていて大きく違わない．この学生の正解率はある一点のまわりにぼんやりとその位置を占めていてゆらいでいることが観測される．

実は，このゆらぎの大きさは，付録 1 に示すように，予想できる．正解率を θ と仮定するとき，観測値から θ の推定値($\hat{\theta}$ と書こう)を $\frac{211}{900} \approx 0.23$ と考えることに多くの人は賛同するだろう．さらに，この現象が，正解か不正解かの二項分布に従っていることを理解し，二項分布は正規分布に近似できることを使えば，正解率は 0.23 ぴったりということではなくて，問題数が 180 問のときにはおおよそ 95% の確率で，ゆらぐ区間 [0.17, 0.30] の中からつかまえられることが計算できる(付録 2 を参照)．別の言い方をすれば，午前・午後の正答総数は 95% の確率で 31 問と 54 問の間にあり，合格ラインの正答数 108 問からはほど遠い．正解率をぴったりとは言い当てられないが，正解率の推定値のゆらぎの構造は計算によって把握できることから，正解率がつかまえられる範囲を確率付きで求めることができるのである．素手に近い状態で国家試験を受けて合格する確率はほぼ0(もっと正確には3×10^{-30}以下)であることが正規分布近似からわかる．

この学生は，まじめに勉強して試験に臨まなければ合格できないことを身をもって体験したことだろう．それだけではなく，自分からかかわった実データを分析することで，ゆらぎの現象を理解しようとする好奇心が芽生え，確率統計の本質的な部分を修得しようと考えたはずである．このように，確率統計を理解するには，自分が興味を持つ実データに直接かかわることがとても重要になってくる．なぜなら，統計とは，実際のデータを取り扱う学問であり，データの背後に潜む構造を理解しようと思えば，確率の知識が必要になってくるからである．そして，後に示すように，私たちは今，実データを駆使して意思決定する時代に入っているのである．

ゆらぐ数の比較

話を簡単にするため，この学生のそのときの習熟度を$\theta_0 = 0.25$ (固い数) と仮定しよう．その後半年間勉強して理解を深め，本番で90問に正答したとする．正解率はゆらぐ数θの一瞬を捉えた$\hat{\theta} = 0.5$で表せる．このとき，正答数は半年前の2倍なので勉強の成果が現れ，$\theta > \theta_0$になったと表現してよいだろうか．

統計学では，数がゆらいでいる状況に対応するため，独特の推論法が編み出されてきた．仮説検定という考え方である．仮説検定は，数がどの程度離れているかという距離を示すより，数が離れているかいないかという二つの状況のどちらが適切か，確率を用いて決定しようとする．ここで，ゆらぎを持つ数θがある“固い”数θ_0の近くにあるときは$\theta = \theta_0$，離れているときは$\theta \neq \theta_0$という仮説を立てることを考える．前者の場合を帰無仮説$H_0 : \theta = \theta_0$，後者の場合を対立仮説$H_1 : \theta \neq \theta_0$と呼ぶ．対立仮説には不等号を用いた表現法$H_1 : \theta > \theta_0$もある．

なぜ，何も変化の起こらない方を帰無仮説と呼ぶのだろう．それは，もし，ゆらぐ数が帰無仮説側に落ちた場合，その仮説は積極的に受け入れることができないからである．これは，未確認動物 Bigfoot の存在に関する仮説[1]に例えられる．Bigfoot と思われる生物の DNA を調べた結果，全部これまでに知られたどれかの種に一致した．しかし，Bigfoot がいない証拠にはなっていない．一方，ゆらぐ数が対立仮説側に落ちた場合，そちらの確率をかなり小さく設定しておけば，きっぱりと帰無仮説は棄却されたと判断するのである．そうやって対立仮説を支援する．つまり，仮説検定を使って何がしかの知見の貢献をしたければ，それを対立仮説に設定しておけばよいことになる．そうでない場合，帰無仮説は棄却されなかったということになる．論理に確率が入ってくるため，このような複雑な言い回しになる．

付録 1 に示す計算法を用いれば，ゆらぐ θ が 0.25 より小さくなっている確率は 9.85×10^{-12} 程度であり，この現象はありえないくらいの頻度で起こっていることを示しているので，帰無仮説は棄却された，つまり，学生の勉強の効果が現れていると判断される．

ゆらぐ数どうしを比較するときには，数の分布の重なり具合から生じる確率を使って数の離れ具合の評価を行うようになる．このとき，陽性，陰性，あるいは成功，失敗などの，実際に観測される contingency table（分割表）を用いて，感度，特異度，適合度，正確度，p 値，ROC，AUC などの評価値を計算することで評価を行っている．

なぜ今統計学を学ぶことが重要なのか

スマートフォンに限らず，すべてのモノから刻々と発せられるデータがインターネットを介して世界中を飛び交い，大量に蓄積される時代である．そのようなビッグデータを使いこなせなければ，ビジネスは商機を失い，時代から取り残され，淘汰されてしまう．その理由はいくつかある．

まず，人が持たない情報をいち早く取り込むことで先んじて戦略を立てられ有利な状況になる．これはいつの時代でも同じである．しかし，大量のデータを使ってこそ出てくる知識が価値を生む場合がある．推薦システム[2]はそのよい例で，誰（ユーザ）が何（アイテム）を好むかという直接的な関係のデータはほんの一部しか得られていなくても，多くのユーザと多くのアイテム（例えば，音楽推薦システムを使っている Spotify は，5 億以上のユーザ数，

1億以上のアイテム数を抱えている)の嗜好の関係を使うことで，直接的な関係が観測されていなくても間接的に予測できる．そこには，ユーザとアイテムを行と列とするマトリクス(行列)の分解による解析法が用いられ，特異値分解はその基礎になっている．すると，得られた情報からユーザが好むアイテムを効率的に提供できるようになる．その知識を使うことで無駄な広告宣伝への費用が削減され，効果も上がる．ユーザはデータを提供する代わりに，知らなかったけれども本当に必要だと感じたものを低コストで手に入れることができる．その結果，これまでアクセスしてきた世界とは別次元の世界に誘われる興奮を感じることだろう．このとき，実際のお金が動くのではなく，売買データだけが動くようなキャッシュレスになると，さらにコストが削減される．これは，フィンテックと呼ばれている．

推薦システム，フィンテック，いずれも，予測を行う計算においてさまざまな数理的基礎知識が必要になる．例えば，データの量が多いために効率的な計算法を求められることがある．このときに，最適解を求める確率的な手法が効果を発揮してくる．例えば確率的勾配法である．なぜこのような方法が意味を持つのかを理解して使うには，統計の知識と感性が求められる．統計の感覚が求められるのは計算の最適化だけではない．医療系分野で頻繁に用いられてきた新薬や新治療法の効果を評価する contingency table を用いた方法論は，推薦システムなどのマーケティング分野でも使われてきている．A が良いか B が良いかを判断する A/B テストに用いられている confusion matrix (混同行列)では，基本的には contingency table に使われている統計的な方法論が踏襲されている．評価指標を距離(ノルム)ではなく確率に依る方法である．A/B のどちらかではなく，複数の中からどのように最適な手段を選択するのか戦略を立てる多腕バンディット[3]の応用も盛んになってきている．バンディットにユーザの特徴量を加味した文脈バンディットを使えば，ユーザに合った最適な仕事を探してくれるシステムも不可能ではなくなっている．こういった評価法そのものを議論するには統計学の感覚が重要になってくる．バンディットについては付録3に簡単に紹介する．

次に，AI の場合．最近になってニューラルネットワーク熱が再燃している．それもそのはず，進化したニューラルネットワークがヒトの専門知を超える場面をいくつも示したからである．囲碁のような与えられたルール下で名人と勝負を競う場合だけでなく，ガンの特定や治療法を示唆したり，2018年ごろのBERTなどヒトに迫る自然言語の解釈能力を示したりと話題沸騰であった．さらに2023年になると，高性能のディープラーニングが自然言語処理に装備され，普通のヒトの自然処理能力を超える場面が当たり前に見られるようになってきた．これは，AIが知能を備えてヒトより一歩高みに躍り出たというより，ヒトができる点(コト)と点(コト)の隙間を，AIは大量のデータを取り込むことで補間して，(見かけ上ヒトよりも)より緻密な推論を高速に行うことができるようになった，と考えることができる．この進化をうまく応用すれば，今後あらゆる場面でのAIの活躍が期待され，ヒトには創造的な業務に携われる可能性が一層広がる．

ニューラルネットワークは，ニューロンとそれらを何層にも結合したネットワーク，それに入力子と出力子を備えた図で表現されることが多い．しかし，数学的には，入力ベクトル$\boldsymbol{x}$に対して非線形の関数$f, g, h, \cdots, t$の合成関数を通して得られる出力ベクトル$\boldsymbol{y}$の最適解$\widehat{\boldsymbol{y}}$が得られるように$f, g, h, \cdots,$ tに含まれるパラメータ$\boldsymbol{w}$を調整していると解釈される．最適化の規準は普通l^2ノルム(ユークリッド距離)で与えられるので，最小二乗法を使うことが多い．数式にすると，$\boldsymbol{y} = t(\cdots(h(g(f(\boldsymbol{x}))))\cdots)$とするとき，$(\boldsymbol{y}-\widehat{\boldsymbol{y}})^2$が最小になるような$\boldsymbol{w}$を見つけよ，ということになるが，この極値問題を，関数を微分することで方程式の解を求めることに言い換えると，ニュートン法のような線形近似計算の繰り返しを使うことにつながっていく．$\boldsymbol{w}$の次元が大きいので，この計算過程でも確率的勾配法が活きてくる．

大規模言語モデル(LLM)は，文章や単語の出現確率を用いて流暢な自然言語を構築する比較的単純なモデルを基礎とした機械学習の一つであるが，学習に使うテキストデータセットが膨大になってくるとより自然な会話や人間らしい文章を生成できることがわかってきた．OpenAIのChatGPT（あるいはGPTs)，MicrosoftのBing（あるいはCopilot)，GoogleのBard（あるいはGemini)などを使いこなせるようになれば，これまでヒトのやってきた事務的なあるいは専門的な業務のかなりな量を代行できることが明らかになってくるだろう．統計学や機械学習はこの基礎の一端を担っている．

このような時代背景の中で，データサイエンス学部やデータサイエンス学科が創設されるようになり，そこでは社会と直結した実データを教育研究の対象とすることによって，これまで机上では見つけられなかった有用な問題提起に応えようとする動きが活発になってきている．

このような問題を解決する数理的な方法として，まずデータをスカラーではなくかたまりとしてのベクトルとして扱うことから線形代数が基本的に必要になり，また効率的で効果的な最適化のための数値計算や，データが持つゆらぎの性格を取り込んだ上で数を取り扱う確率統計などが重要になってくる[4]．これまで大学の基礎数学は，微積分，線形代数，微分方程式，それに確率統計から始められていたが，今後は，線形代数は常識となり，最適化計算やPythonのようなプログラミングを使うところまで求められてくると思われる．統計学は，その中で，固い数を扱う数学と併行してやわらかい数を扱う分野の学問として特に重要になってくるものと考えられる．数学と統計学は根本的なところで異なる概念の数を扱っているからである．

頼りになる参考図書

こういうめまぐるしく変化する時代背景にあって，統計学がますます重要視されてくる現在，統計リテラシーをひととおり押さえておくのにコンパクトにまとめられた『統計学の基礎』[**1**]は心強い参考書である．記述統計，確率と確率分布，統計的推定，統計的仮説検定，線形モデル分析など，統計で扱う最初の分野が紹介されている．

『現代数理統計学の基礎』[**2**]は確率統計を本格的に学ぼうとする強い意志を持った人にお薦めする．網羅的に書かれているが，一つ一つの項目をじっくり読み込んでいけば，現代的な統計の要素を正確に深く理解できるように書かれている．初版は2017年出版と比較的最近であるため，例えば，区間推定のところでは検定との関連性に注目したり，あるいは枢軸量やベイズ信用区間にも触れている．回帰にしても，ロジスティック回帰や一般化線形モデルにも触れているが，特に重回帰では予測精度をあげるための変数選択の規準として，マローズのC_p，AIC，クロスバリデーションが紹介されている．

また確率に損失コストを掛け合わせたリスクに関する最適性の理論について，あるいは，マルコフ連鎖，ブートストラップ，受容・棄却法，ギブス・サンプリングなどの計算統計について，さらには確率過程にまで話題が及んでいる．非常に簡潔に書かれながら要点が押さえられている．データサイエンスを本業として目指す人にお薦めである．少し難しいと感じるかもしれない人には，これを少し易しくした同著者による『データ解析のための数理統計入門』(共立出版)［5］も良い．

『数理統計学』［**3**］は，統計的推論の基礎や概念をきちんと学ぶような教科書であるが，確率の「近似法則」や統計の「ベイズ推論」など，従来の確率統計の教科書に加えて新しく踏み込んだところもあり，数理統計学の標準として推薦できる教科書の一つである．説明が丁寧で読みやすいのも特徴である．

大学で統計学を本格的に学んでみようという人には，Hand［6］が薦めている5冊の本が良い．すべてしっかりとした良書であるが，中でも，『The Elements of Statistical Learning』(翻訳本は『統計的学習の基礎』(共立出版))［**4**］は，内容は統計学と機械学習の間にまたがる話題が豊富であり，初版以来不動のベストセラーであることが理解できる．回帰や分類などの教師あり学習の基本から，ニューラルネットワ

［**1**］**日本統計学会公式認定**
統計検定2級対応
統計学基礎
(改訂版)

編／日本統計学会
発行所／東京図書
発行日／2015年12月
判型／A5判　ページ数／272ページ
定価／2420円

［**2**］**現代数理統計学の基礎**

著／久保川達也
発行所／共立出版(共立講座 数学の魅力)
発行日／2017年4月
判型／A5判　ページ数／324ページ
定価／3520円

ーク，ブースティングやアンサンブル学習を経て，最新のグラフィカルモデルや高次元学習問題に対するスパースモデリングなどの話題まで幅広く網羅されている．ただ，ある程度の基礎知識がないと行間を読み解くのは大変かもしれない．しかし，考えながら読みすすまなければならないので，そこがまた知識を深くしてくれる良書とも解釈できる．

ほかに，出かけるときにも読める厚さでありながら，統計の本質的なところをさらりと紹介してくれる読みものを三つだけ紹介しておこう．最初は，サンプリングデータを使ってどのように全体を捉えるのかをできるだけ数式を使わずに説明している『サンプリングって何だろう』(岩波科学ライブラリー)[7]．中学生にも読めるようにやさしく説明されている．次に，C. R. ラオの洞察力がうかがえる『やさしい統計入門』(講談社ブルーバックス)[8]．興味あるトピックが平易に説明されており，初学者にも楽しく読めるようになっている．それだけでなく，確率統計の道に進んだ専門家でもほくそ笑むような話題が散りばめられており，学習の隙間に読めば新しい発見があるような読み物になっている．日本統計学会75周年記念推薦図書である．最後に，R. A. フィシャーの『統計的方法と科学的推論』(岩波オンデマンドブックス)

[3] **数理統計学**
統計的推論の基礎

著／黒木 学
発行所／共立出版
発行日／2020年1月
判型／A5版　ページ数／255ページ
定価／3190円

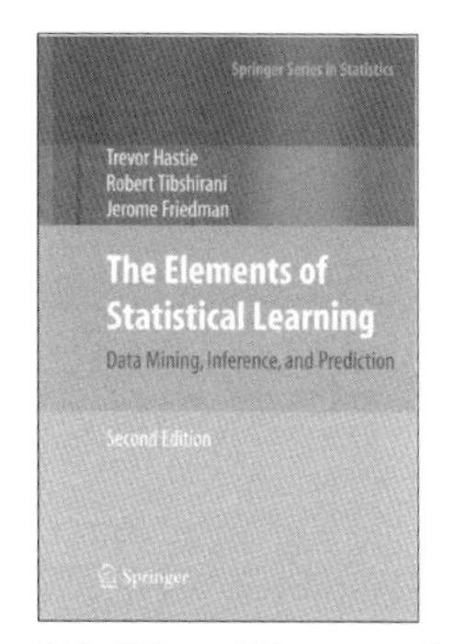

[4] **The Elements of Statistical Learning**
Data Mining, Inference, and Prediction, 2nd ed.

著／T. Hastie, R. Tibshirani, J. Friedman
発行所／Springer
発行日／2009年3月，9刷版2017年
判型／23.62 cm×15.24 cm
ページ数／767ページ

[9]．推定や検定にまつわる頻度論とベイズ流の議論の流れが書かれている．仮説検定の考え方をじっくり再考してみたい人には大変興味深い本である．渋谷政昭，竹内啓の訳者による解説記事がまたおもしろい．

付録 1：二項分布の正規分布近似

臨床工学技士国家試験では五者択一といっても，基本的には，正解か，不正解かのどちらか一方が観測されるという二項分布になっている．現象に実数値を対応させるのが確率変数と呼ばれるもので，X のような記号を用いる．X の値は適当に定義すればよいので，例えば，正解なら $X=1$，不正解なら $X=0$ としても，あるいは，不正解なら $X=-1$ としてもよい．

i 問目の解答に対応する確率変数を X_i とし，$S_n=\sum_{i=1}^{n}X_i$ とすると，X の値が前者の場合，S_n が $0.6n$（整数と仮定する）以上なら合格なので，その確率は

$$P(S_n \geqq 0.6n) = \sum_{k=0.6n}^{n}\binom{n}{k}p^k(1-p)^{n-k}$$

となる．$\binom{n}{k}$ は ${}_n\mathrm{C}_k$ と同じである．

回答の様子を物理的な実験装置で視覚化することもできる．図 1（左）のように，n 段の釘が交互に打ってある板の真上から BB 弾を一つ落とすとしよう．玉が釘にあたって左右に分かれる確率をここでは等しいと考える．つま

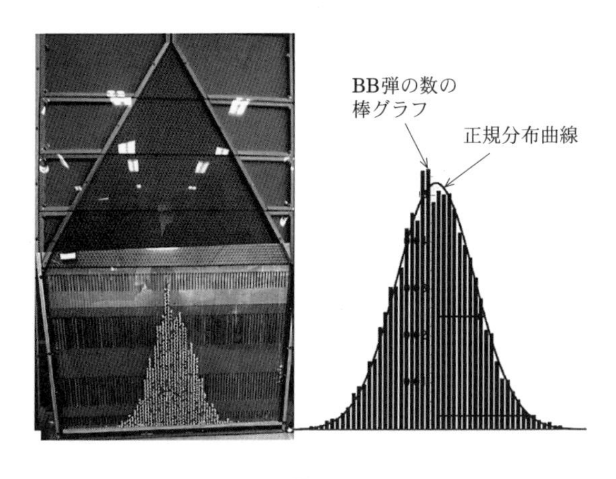

図 1

り，正解率 p を0.5とする．ここで，正解のとき $X=1$，不正解のとき $X=-1$ とすると，BB弾は釘にあたるごとに左右に分かれながら最後には $-n$ から n のどこかに落ち着く．n 問すべてに回答したときの合計点 S_n が落ち着いた位置になる．図はこれを多数のBB弾を使って繰り返した結果である．この装置は「ゴルトンボード」と呼ばれている．これは $n=80$ の場合であるが，両端付近にはBB弾がないことに注意したい．S_n はゆらいでいる数ではあるけれどもしっかりと確認できる構造を持っていることがわかる．

$p=0.5$ のとき，平均 μ_S は0であるとすぐにわかるが，n 段の場合での分散 σ_S^2 はどうなるだろうか．定義どおり計算すると（μ_{S_n} は0），

$$\sigma_S^2 = \frac{1}{2^n}\sum_{i=0}^{n}\binom{n}{i}(-n+2i-\mu)^2 = n$$

となる．BB弾が落ちる位置でBB弾の数を数え上げて棒グラフにし，そこに正規分布曲線をフィットさせたものが図1（右）である．両者の形状は非常によくフィットしていることがわかる．分散は少し異なっているけれども．

p が一般の場合で計算するときには X_i の独立性を使えばもっと簡単に分散が計算できる．どの X_i に対しても，

$$\mu_{X_i} = p\times1+(1-p)\times(-1) = 2p-1,$$
$$\sigma_{X_i}^2 = p\times(1-2p+1)^2+(1-p)\times(-1-2p+1)^2 = 4p(1-p)$$

となるから，結局，$\sigma_S^2 = 4np(1-p)$ となる．

先の臨床工学技士国家試験の場合，平均から合格水準までは標準偏差のおよそ11.6倍あることから，合格できるできる確率は先に示したとおりとなる．

付録2：信頼区間について

真値を θ，観測値を使って求められた θ の推定値を $\hat{\theta}$ とする．$\hat{\theta}$ の近似的な分散を σ_θ^2 をとするとき，漸近理論によると，確率変数 $\hat{\theta}$ は $N(\theta,\sigma_\theta^2)$ の正規分布に従うことが示されている．したがって，$\hat{\theta}$ は近似的に $100(1-\alpha)\%$ の確率で，$[\theta-z_{(\alpha/2)}\sigma_\theta, \theta+z_{(\alpha/2)}\sigma_\theta]$ の区間に入っている（z_α は標準正規分布の上側 $100\alpha\%$ 点）．つまり，この区間が $\hat{\theta}$ をとらえている確率は $100(1-\alpha)\%$ であり，$P(|\hat{\theta}-\theta| \leqq z_{(\alpha/2)}\sigma_\theta) \approx 1-\alpha$ を意味する．このとき，区間の両端は動かず推定値 $\hat{\theta}$ がゆらいでいる．

上の式で$\hat{\theta}$とθの順序を置き換えると，区間$[\hat{\theta}-z_{(\alpha/2)}\sigma_\theta, \hat{\theta}+z_{(\alpha/2)}\sigma_\theta]$が近似的に$100(1-\alpha)\%$の確率で$\theta$をとらえていることとまったく同じになる．ここでは，推定値と近似分散によって得られる区間の両端がゆらぎ，真値は固い数として動かない．そしてこのとき，ゆらぐ区間は確率付きで真値をとらえているのである．これを信頼区間という．

わかりやすくするため，次のように説明されることがある．"1回目の観測データから得られる推定値と近似分散を$\hat{\theta}_1, \sigma^2_{\theta_1}$，2回目を$\hat{\theta}_2, \sigma^2_{\theta_2}$，…と続けて，ゆらぐ信頼区間を順に作っていくと，$\alpha = 0.05$なら100個の区間のうちおおよそ95個は真値$\theta$をつかまえている．" 1回だけの観測データが得られた場合，このことは，ゆらぐ信頼区間が真値θを100中95くらいの割合(頻度)でつかまえているということと同じである．

付録3：バンディット

バンディットの名前はカジノのスロットマシンに由来している．ギャンブラーはどうやったらカジノに置かれた多数のマシンから大きな利益を得られるだろうか．どのマシンが利益を引き出しやすいか調べ(探索と呼ぶ)ながら，調べた情報から最大の報酬を得よう(活用と呼ぶ)とする．バンディット問題は，限られた試行回数において得られる総報酬を最大化したいという問題である．探索と活用の関係はトレードオフの関係になっているため．探索と活用の総回数を少なくして高い報酬を得るアルゴリズムを見つけたい．

まず思いつくのは，すべてのマシンに一定数の試行を行い，その中で最も高い報酬を示したマシンを使用し続けるというものである．これは，探索中にあまりよくないマシンが選択されてしまう可能性があり，非現実的な方法である．

そこで，試行の一定の割合(εとする)ではマシンをランダムに選択させて探索を行い，残りは，それまでの報酬の平均が最大のものを活用することを考える．試行ステップごとに，確率εで探索を，確率$1-\varepsilon$で活用を実行するのである．これを，ε貪欲アルゴリズム(ε-Greedy)と呼ぶ．この方法の利点は，間違った戦略に永遠に閉じ込められないことが保証されることである．
εをどう見積もったらよいだろう．$\varepsilon = 0.1$が使われているようだが，本当に

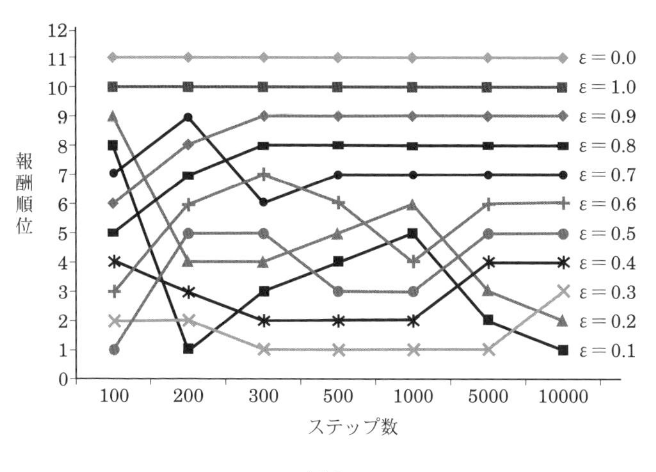

図2

そうなのだろうか．そこで，簡単なシミュレーションをしてみた．各マシンの期待報酬はロングテールを持つ確率分布の典型例であるパレート分布からサンプリングし，それぞれのマシンでのゆらぎを一様分布と仮定した．マシン数を1000として，$\varepsilon = 0, 0.1, 0.2, \cdots, 1$ の場合について，経過したステップ時の報酬のランキングをみてみたものが図2である．$\varepsilon = 0.1$ とするとよいという状況は，マシン数に比較して探索期間が十分与えられたときの話だということが確認できる．このように，シミュレーションは漠然としかつかめない状況から具体的なイメージを持たせてくれる．

少ないステップでも効率を上げるには，マシンのペイオフを統計的に調べ，ペイオフの統計的な上限を設定した上で探索と活用を行う方法がある．上限戦略(UCB, Upper Confidence Bounding Method)と呼ぶ．あるいは，ベイズ統計を使うトンプソンサンプリング(Thompson sampling)などもある．マシンアームを引いた結果から，アームごとの成功確率の事後確率分布を計算し，その事後確率分布に従う乱数をアームごとに生成して最も効果的なアームを選択する方法である．

参考文献

[1] https://theweek.com/speedreads/450662/dna-testing-unable-prove-existence-bigfoot

[2] F. Ricci, L. Rokach, B. Shapira, *Recommender Systems Handbook*, 3rd ed., Springer, 2022.

[3] T. Lattimore, C. Szepesvári, *Bandit Algorithms*, Cambridge University Press, 2020.

[4] I. Goodfellow, Y. Bengio, A. Courville, F. Bach, *Deep Learning*, MIT Press, 2016.

[5] 久保川達也,『データ解析のための数理統計入門』, 共立出版, 2023.

[6] https://shepherd.com/best-books/statistics

[7] 廣瀬雅代, 稲垣佑典, 深谷肇一(著),『サンプリングって何だろう――統計を使って全体を知る方法』, 岩波書店(岩波科学ライブラリー), 2018.

[8] 柳井晴夫, 田栗正章, 藤越康祝, C. R. ラオ(著),『やさしい統計入門――視聴率調査から多変量解析まで』, 講談社(ブルーバックス), 2007.

[9] R. A. フィッシャー(著), 渋谷政昭, 竹内啓(訳),『統計的方法と科学的推論』, 岩波書店(岩波オンデマンドブックス), 2014.

現代確率論入門
公理的賭博論

吉田伸生
●名古屋大学大学院多元数理科学研究科

0 ── 序：賭博からの問題提起

代数学，幾何学，解析学はそれぞれ，方程式の解法，測量法，求積法に起源をもつと言われる．それら由緒正しき数学に比べ，ばくちでヤマを張るために生まれた確率論は，その出自からして怪しげで，個人的にはそこが魅力のひとつでもある．そんな確率論も現代では，測度論に基づく洗練された公理系により整備され，大数の法則などの古典的法則も，定理として厳密な証明が与えられる．本稿では，そうした現代的確率論の概要を高校程度の予備知識を前提に解説する，というやや無謀な試みである．

まず，高校で習う確率の基礎概念を復習しよう．

定義 0.1 ●**(高校での確率の基礎概念)** Ω は有限集合，関数 $p: \Omega \to [0,1]$ は $\sum_{\omega \in \Omega} p(\omega) = 1$ をみたすとする．このとき，

- ▶事象 $A \subset \Omega$ の確率 $P(A)$ を，$P(\emptyset) = 0$，また，$A \neq \emptyset$ なら $P(A) = \sum_{\omega \in A} p(\omega)$ と定める．
- ▶Ω 上で定義された実数値関数 $X: \Omega \to \mathbb{R}$ を確率変数とよぶ．
- ▶n 個の確率変数 $\{X_j\}_{j=1}^n$ が次の条件をみたすとき，$\{X_j\}_{j=1}^n$ は独立であるという．空でない任意の $K \subset \{1, \cdots, n\}$ および各 $j \in K$ に対し X_j のとりうる任意の値 t_j を選ぶとき，

$$P\Bigl(\bigcap_{j\in K}\{X_j = t_j\}\Bigr) = \prod_{j\in K} P(X_j = t_j).$$

次にこんな賭けを考えよう．コイン１枚と引き換えにくじを引き，当たり(確率 p)ならコインは２枚になって戻ってくる．一方，外れ(確率 $1-p$)ならコインは戻ってこない．なお，胴元の利益のため，勝率 p は $p < 1/2$ に設定されている．この賭けを繰り返すとし，n 回目の賭け単独でのコイン収支を X_n と書く．このとき，$X_1, \cdots, X_n$ は独立確率変数で，当たりくじ(確率 p)なら $X_n = -1+2 = 1$，外れ(確率 $1-p$)なら $X_n = -1$．また，n 回目までのコイン収支は $S_n = X_1 + \cdots + X_n$ と表せる．X_n, S_n は高校の確率論でもよく出てくる確率変数なので，これらに関する確率なら高校の知識ですべて計算できそうな気がする．では，賭博者にとって悪夢ともいえる次の事象の確率はどうか？

$$A = \{S_n \overset{n\to\infty}{\longrightarrow} -\infty\}.$$

直観的には，$\{X_n\}_{n=1}^{\infty}$ は ± 1 を $p : 1-p$ の比率で含むから，n が大きければ S_n の値は大体

$$(1\times p + (-1)\times(1-p))\times n = (2p-1)n.$$

また $2p-1 < 0$ だから，$(2p-1)n \overset{n\to\infty}{\longrightarrow} -\infty$．よって，賭博者にとっては残念ながら $P(A) = 1$ と推測できる．するとこの推測を厳密に証明したくなるが，定義 0.1 の枠内ではそもそも $P(A)$ を定義すらできない．理由は，事象 A を実現しうる $\{X_n\}_{n=1}^{\infty}$ の値のとり方が無限個あるために A は無限集合であることによる[1]．実際，高校での確率

［1］［新装版］ルベーグ積分入門
使うための理論と演習
著／吉田伸生
発行所／日本評論社
発行日／2021年3月
判型／A5判　ページ数／312ページ
定価／3960円

1）より詳しくいうと，数直線上のすべての点と同じ数の要素を含む．

論に対し，測度論に基づく現代的確率論の大きな利点は，後者ではこのような「無限試行」を厳密に取り扱える点である．「実際には有限回しか賭けることができないのに，無限試行を考える意味があるのか？」という疑問もあろう．しかし，「無限」は「大きな有限」を理想的に近似するために不可欠な道具である．例えば空気や水は無限に近い有限個の分子・原子から構成され，それらは一定の法則に従っている．一方，我々が知覚する空気や水は有限個の分子・原子ではなく，個数→∞と近似された対象である．その意味で「無限」は数学的フィクションではなく，我々の知覚においてすでに実在する．

さて，さきほどの事象Aに話を戻すとまず，「無限集合Aにいかにして確率を定めるか？」という疑問が生じる．そして，その疑問に答ようとすると

「そもそも確率とは何か？」という疑問にまで行きつく．以下，こうした疑問に少しずつ答えることにしよう．

［2］**確率微分方程式**

著／舟木直久
発行所／岩波書店
（岩波オンデマンドブックス）
発行日／2015年6月
判型／A5判　ページ数／204ページ
定価／3520円

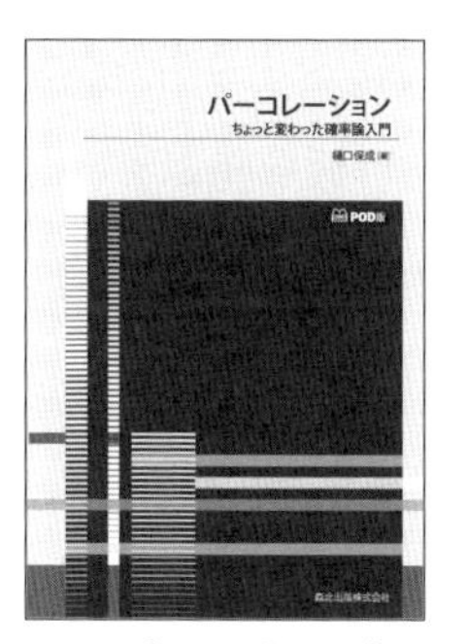

［3］**パーコレーション** POD版
ちょっと変わった確率論入門

著／樋口保成
発行所／森北出版
発行日／2021年6月
判型／A5判　ページ数／238ページ
定価／3740円

1 ―測度論的確率論入門

1.1 ●測度論からの準備

現代確率論の基礎概念を体系的に理解するためには，測度論との対比が不

可欠である．そこで，まず測度論について簡単に解説する．

長さ，面積，体積，確率といった概念は集合 A に対し，その「大きさ」をを表す数値 $\mu(A)\in[0,\infty]$ を対応させる写像と考えられる．現代数学では，この写像は測度として定式化することが標準的である．その際，写像 $A\mapsto\mu(A)$ の定義域がみたすべき性質を公理化した概念が σ-加法族である．

以下，集合 S に対しその部分集合全体がなす集合を 2^S と記す[2)]．

定義 1.1.1 ●**(σ-加法族)** S を集合，$\mathscr{A}\subset 2^S$ とする．

▶$\mathscr{A}$ が以下の条件をみたすとき，$\mathscr{A}$ は，S の **σ-加法族**であるという．

(A1) $\emptyset\in\mathscr{A}$.

(A2) $A\in\mathscr{A}$ なら，その補集合 A^c に対し $A^c\in\mathscr{A}$.

(A3) $A_1, A_2, \cdots\in\mathscr{A}$ に対し $\bigcup_{j=1}^{\infty}A_j\in\mathscr{A}$.

また，$A\subset S$ が $A\in\mathscr{A}$ をみたすとき，A は**可測**であるという．さらに S とその σ-加法族 $\mathscr{A}$ の組 $(S,\mathscr{A})$ を**可測空間**と呼ぶ．

▶$(S,\mathscr{A})$ を可測空間とする．写像 $\mu\colon\mathscr{A}\to[0,\infty]$ が以下の条件みたすとき μ を S 上の**測度**とよぶ．

(M1) $\mu(\emptyset)=0$.

(M2) $A_1, A_2, \cdots\in\mathscr{A}$ が非交差(つまり，$j\neq k$ なら $A_j\cap A_k=\emptyset$ をみたす)なら

$$\mu\left(\bigcup_{j=1}^{\infty}A_j\right)=\sum_{j=1}^{\infty}\mu(A_j) \qquad \text{（可算加法性）}.$$

可測空間 $(S,\mathscr{A})$ と測度 $\mu\colon\mathscr{A}\to[0,\infty]$ の組 $(S,\mathscr{A},\mu)$ を**測度空間**と呼ぶ．とくに $\mu(S)=1$ をみたす測度を**確率測度**，その場合の $(S,\mathscr{A},\mu)$ を**確率空間**と呼ぶ．

2^S は明らかに σ-加法族であり，S が有限集合(より一般に可算集合)の場合には S 上の測度の定義域を 2^S とするのが一般的である．では，なぜ一般の

2）記法上の注意として，2^S は S の部分集合を要素とする集合だから $A\in 2^S$ と書くとき，A は S の部分集合である．

場合も $\mathscr{A}=2^S$ としないのか？ それは，S が非可算集合の場合，S 上の「望ましい」測度は 2^S より真に小さい σ-加法族においてのみ定義できる場合があるからである．例えば数直線 $\mathbb{R}$ に対し適切な σ-加法族 $\mathscr{A}\subsetneq 2^{\mathbb{R}}$ をとれば，以下の性質をみたす測度 $\mu\colon\mathscr{A}\to[0,\infty]$ (**ルベーグ測度**)が存在する．

- 任意の $x>0$ に対し，$(0,x]\in\mathscr{A}$, $\mu((0,x])=x$.
- $x\in\mathbb{R}$, $A\in\mathscr{A}$ なら $x+A\in\mathscr{A}$, $\mu(x+A)=\mu(A)$.

この際の $\mathscr{A}$ はボレル集合全体，あるいはそれより少し広いルベーグ可測集合全体を考える．一方，$\mathscr{A}=2^{\mathbb{R}}$ とすると，上記性質をもつ測度 μ は存在しない[3]．

さて，次は少し高級な話題であるが，測度論においては避けることができない．

定義 1.1.2 ●(集合の族が生成する σ-加法族) S を集合，$\mathscr{C}\subset 2^S$ とする($\mathscr{C}$ は σ-加法族とは限らない)．このとき，次の $\mathscr{A}$ は σ-加法族である．

$$\mathscr{A}=\bigcap_{\substack{\mathscr{B}\text{は}\sigma\text{-加法族}\\ \mathscr{B}\supset\mathscr{C}}}\mathscr{B}.$$

この $\mathscr{A}$ を**集合族 $\mathscr{C}$ が生成する σ-加法族**とよぶ．

ある集合 S 上に「望ましい」測度 $\mu\colon\mathscr{A}\to[0,\infty]$ を構成する際，定義 1.1.2 の処方で $\mathscr{A}$ を選ぶのが常套手段である．例えば，先ほどルベーグ測度の定義域として選んだボレル集合全体とは定義 1.1.2 で $S=\mathbb{R}$，$\mathscr{C}=$ 区間全体，とした場合の $\mathscr{A}$ に他ならない．確率論においても，定義 1.1.2 の σ-加法族が「望ましい」測度の定義域として用いられることが多い(後述の定理 1.2.3 参照)．

3）[**1**]p. 76, 命題 3. 4. 2(b)の証明を参照されたい．

1.2 ●確率変数とその独立性

前節に定義したσ-加法族，測度を用い，確率変数，およびその独立性という概念を定義する．ここからは，確率論の習慣にしたがって，確率空間を$(\Omega, \mathcal{F}, P)$と記し，本稿を通じこの記号を用いる．

定義 1.2.1 ●（確率変数・分布） Tを有限集合とする[4]．

▶次の条件をみたす写像$X\colon \Omega \to T$を**確率変数**とよぶ．

任意の$t \in T$に対し$\{\omega \in \Omega\,;\, X(\omega) = t\} \in \mathcal{F}$.

以後，$\{\omega \in \Omega\,;\, X(\omega) = t\}$を$\{X = t\}$，その確率を$P(X = t)$と記す．

▶確率変数Xに対し，可測空間$(T, 2^T)$上の確率測度νが次の条件をみたすとき，νをXの**分布**とよぶ．

任意の$t \in T$に対し$\nu(\{t\}) = P(X = t)$.

次に，確率変数の「独立性」を定義する．実はこの概念が，単なる測度論とは異なる独自の問題意識と手法を確率論に提供する．それは「正則性」という概念が，単なる2変数関数の微分積分学とは異なった独自の意義を複素関数論に与えることにも例えることができる．

定義 1.2.2 ●（独立確率変数） Jは任意の集合，また各$j \in J$に対しT_jは有限集合，$X_j\colon \Omega \to T_j$は確率変数とする．次の条件がみたされるとき，確率変数族$\{X_j\}_{j \in J}$は**独立**であるという．任意の有限集合$K \subset J$，および任意の$t_j \in T_j$ $(j \in K)$に対し

$$P\left(\bigcap_{j \in K} \{X_j = t_j\}\right) = \prod_{j \in K} P(X_j = t_j).$$

一般に$A_1, A_2, \cdots \in \mathcal{F}$なら有限個の交差$\bigcap_{j=1}^{n} A_j$および$\bigcap_{j=1}^{\infty} A_j$はともに$\mathcal{F}$の元であることに注意する[5]．したがって，独立性の定義式左辺に表れる集合

4）定義 1.2.1 は簡単のため，Tが有限集合の場合に限定したが．Tが有限集合でない場合にも，確率変数，分布の概念を適切に定義することができる．

は可測である．

さて，定義が意味をもつためには，そこで定義されたものが実在する必要がある．独立確率変数の場合は，次の定理がその実在を保証する．

定理 1.2.3 ●（独立確率変数の存在定理） J は任意の集合，また各 $j \in J$ に対し T_j は有限集合，ν_j: $2^{T_j} \to [0,1]$ は確率測度とする．このとき，確率空間 $(\Omega, \mathcal{F}, P)$，および確率変数 X_j: $\Omega \to T_j (j \in J)$ であり次の 2 条件をみたすものが存在する．

- $\{X_j\}_{j \in J}$ は独立．
- 各 $j \in J$ に対し X_j の分布は ν_j．

例えば，我々の生活は水道に支えられているが，普段は地下に埋められた水道管を目にすることはない．これと同様に，普段我々は「$X_1, X_2, \cdots$ を独立確率変数とするとき…」と気軽に仮定するが，実は定理 1.2.3 が，地下に埋もれた水道管のようにその存在を保証している．序節に登場した独立確率変数列 $\{X_j\}_{j=1}^{\infty}$ が数学的に実在することも，定理 1.2.3 の特別な場合として得られる($J = \{1, 2, \cdots\}$，各 $j \in J$ に対し $T_j = \{-1, 1\}$，$\nu_j(\{1\}) = p$，$\nu_j(\{-1\}) = 1-p$)．そこで，この機会に普段閉ざされたマンホールの蓋を開け，張り巡らされた水道管をのぞいてみよう．

定理 1.2.3 の証明のあらすじは次のとおりである．

- 各 T_j から一点 ω_j をとって，それらを並べたもの $\omega = (\omega_j)_{j \in J}$ を考え，このような ω 全体の集合を Ω とする．
- $\omega \in \Omega$，$j \in J$ に対し $X_j(\omega) = \omega_j$ として $\{X_j\}_{j \in J}$ を定める．
- 有限集合 $K \subset J$，および $t_j \in T_j$ $(j \in K)$ を用い $C = \bigcap_{j \in K} \{X_j = t_j\}$ と表せる Ω の部分集合全体を $\mathcal{C}$, $\mathcal{C}$ が生成する σ-加法族(定義 1.1.2)を $\mathcal{F}$ とする．

5）定義 1.1.1 の(A2)，(A3)を用いて示すことができる．

- 上の C に対し $P(C)=\prod_{j\in K}\nu_j(\{t_j\})$ として $P\colon \mathscr{C}\to[0,1]$ を定義する．その後，P が測度 $P\colon \mathscr{F}\to[0,1]$ に拡張できることを示して証明が終わる．

1.3●平均

確率変数の特性を表す量として，平均の定義と基本性質を述べる．

定義 1.3.1 ●（確率変数の平均）

▶有限個の実数値をとる確率変数を**単純確率変数**という[6]．

▶単純確率変数 X がとる相異なる値の集合を $\{t_j\}_{j=1}^n$ とするとき，X の**平均** $E[X]$ を次のように定める．

$$E[X]=\sum_{j=1}^n t_jP(X=t_j).$$

例 1.3.2 ●序節で登場した X_n は確率 p で $X_n=1$，確率 $1-p$ で $X_n=-1$ をみたす単純確率変数なので，

$$\begin{aligned}E[X_n]&=P(X_n=1)-P(X_n=-1)\\&=p-(1-p)=2p-1.\end{aligned}$$

平均は次の性質をもつ．

命題 1.3.3 ●（平均の基本性質）

(a) $A\in\mathscr{F}$ に対し $E[\mathbf{1}_A]=P(A)$,

ここで $\mathbf{1}_A(\omega)=1\ (\omega\in A)$，$\mathbf{1}_A(w)=0\ (\omega\notin A)$ とする．さらに単純確率変数 X,Y，実数 α,β に対し，

(b) $E[\alpha X+\beta Y]=\alpha E[X]+\beta E[Y]$.

6）定義 1.3.1 では，単純確率変数という特別な確率変数に対してのみ，平均を定義する．一方，測度 P に基づいたより一般的な積分理論（ルベーグ積分）を用いることにより，より一般の関数 $X\colon \Omega\to\mathbb{R}$ に対しても平均を定義することができる．

1.4 ● 大数の法則

独立確率変数の和に関する基本的極限定理として大数の法則を述べよう．次の設定で考える．

設定 1.4.1 ● 共通の分布をもつ独立な単純確率変数列 $X_n\colon \Omega \to \mathbb{R}(n \geqq 1)$ に対し $m = E[X_n]$，$S_n = X_1 + \cdots + X_n$ と記す．

序節の賭博を例にとれば，$\{S_n\}_{n=1}^{\infty}$ の $n \to \infty$ での挙動は賭博者にとって死活問題である．それを知る最初の手がかりは，S_n の平均である．実際，設定 1.4.1 において，

$$E[S_n] = \sum_{j=1}^{n} E[X_j] = mn.$$

これは確率変数列 $\{S_n\}_{n=1}^{\infty}$ と等速運動 $\{mn\}_{n=1}^{\infty}$ がある意味で近い可能性を示唆する．実際，次の定理が成立する．

定理 1.4.2 ●（**大数の法則**） 設定 1.4.1 において，

$$P\left(\frac{S_n}{n} \stackrel{n\to\infty}{\longrightarrow} m\right) = 1.$$

なお，集合 $\left\{\frac{S_n}{n} \stackrel{n\to\infty}{\longrightarrow} m\right\}$ は無限個の独立確率変数 $\{X_n\}_{n=1}^{\infty}$ が存在してはじめて定義できることに改めて注意する．また，この集合の可測性は，次のように書き直すことにより分かる（定義 1.2.2 直後の注意参照）．

$$\left\{\frac{S_n}{n} \stackrel{n\to\infty}{\longrightarrow} m\right\} = \bigcap_{k=1}^{\infty} \bigcup_{\ell=1}^{\infty} \bigcap_{n=\ell}^{\infty} \left\{\left|\frac{S_n}{n} - m\right| < \frac{1}{k}\right\}.$$

同様に，集合 $\{S_n \stackrel{n\to\infty}{\longrightarrow} \infty\}$，$\{S_n \stackrel{n\to\infty}{\longrightarrow} -\infty\}$ も可測であり，以下の包含関係がある．

$$m > 0 \text{ なら } \left\{\frac{S_n}{n} \stackrel{n\to\infty}{\longrightarrow} m\right\} \subset \{S_n \stackrel{n\to\infty}{\longrightarrow} \infty\},$$

$$m < 0 \text{ なら } \left\{\frac{S_n}{n} \stackrel{n\to\infty}{\longrightarrow} m\right\} \subset \{S_n \stackrel{n\to\infty}{\longrightarrow} -\infty\}.$$

上の包含関係と定理 1.4.2 から次の系を得る．

系 1.4.3 ● $m > 0$ なら，$P(S_n \overset{n\to\infty}{\to} \infty) = 1$，$m < 0$ なら，$P(S_n \overset{n\to\infty}{\to} -\infty) = 1$.

序節の X_n に対し $m = 2p-1 < 0$ (例 1.3.2). ゆえに系 1.4.3 より $P(S_n \overset{n\to\infty}{\to} -\infty) = 1$ (序節の推測に対する論証).

大数の法則の応用は賭博に限らない. $\Omega = (0,1]$, $\mathcal{F}$ を Ω に含まれるボレル集合全体，P を $(\Omega, \mathcal{F})$ 上のルベーグ測度(長さの一般化)とする. このとき，大数の法則を用い次の定理を示すことができる.

定理 1.4.4 ● **(ボレルの定理)** $\omega \in (0,1]$ を 10 進小数で表し，n 桁目の数字を $Z_n(\omega)$ とするとき，$\{Z_n(\omega)\}_{n=1}^{\infty}$ が $0, \cdots, 9$ を均等に含む確率は 1 である.

証明 ● $\Omega = (0,1]$ を 10 等分した各区間 $I_j = (j/10, (j+1)/10]$ $(j = 0, \cdots, 9)$ 上で $Z_1 = j$ なので $P(Z_1 = j) = 1/10$. さらに各 I_j を同様に 10 等分した各区間 I_{jk} $(k = 0, \cdots, 9)$ 上で $Z_2 = k$ なので $P(Z_1 = j, Z_2 = k) = 1/10^2$. また,

$$P(Z_2 = k) = \sum_{j=0}^{9} P(Z_1 = j, Z_2 = k) = 1/10.$$

したがって

$$P(Z_1 = j, Z_2 = k) = P(Z_1 = j)P(Z_2 = k).$$

これをくりかえすと，$\{Z_n\}_{n=1}^{\infty}$ が $0, \cdots, 9$ を等確率でとる独立確率変数であることが分かる. したがって $j = 0, \cdots, 9$ を任意に固定し $X_n = \mathbf{1}_{\{Z_n = j\}}$ とすると $Z_1, \cdots, Z_n$ の中の数字 j の個数は $S_n = X_1 + \cdots + X_n$，出現頻度は S_n/n である. $\{X_n\}_{n=1}^{\infty}$ は独立な単純確率変数で $E[X_n] = P(Z_n = j) = 1/10$ をみたすから，大数の法則より

$$P\left(\frac{S_n}{n} \overset{n\to\infty}{\to} \frac{1}{10}\right) = 1. \qquad \backslash(\wedge_\square\wedge)/$$

2 ― 広がる世界

測度論的確率論を学べば，さらにその先にある世界が見えてくる. 本稿では，確率解析学と統計力学をごく簡単に取り上げるが，近年では機械学習などの分野も注目されている.

2.1 ●確率解析学

植物学者ブラウンは，水に浮かんだ花粉の粒子の不規則な運動を観測した(1827)．その後，相対性理論で有名なアインシュタインは，その運動が，多数の水分子がさまざまな方向から花粉への衝突を繰り返すことにより引き起こされることを解明するとともに粒子の変位の確率分布が正規分布であることを示した．現在ではブラウン運動は(本来は，平面内の曲線だが1次元に模式化し)次のように定義される．

定義 2.1.1 ●**(ブラウン運動)** 確率変数の族 $B(t)\colon \Omega \to \mathbb{R}$ $(t \geqq 0)$ が以下の条件をみたすとき，これらを**ブラウン運動**という．

(B1) $B(0) = 0$ かつ，$0 = t_0 < t_1 < \cdots < t_n$ を任意にとるとき，確率変数 $X_j = (B(t_j) - B(t_{j-1}))/\sqrt{t_j - t_{j-1}}$ $(j = 1, \cdots, n)$ は独立かつ標準正規分布にしたがう，すなわち任意の区間 $I \subset \mathbb{R}$ に対し，

$$P(X_j \in I) = \frac{1}{\sqrt{2\pi}} \int_I \exp\left(-\frac{x^2}{2}\right) dx.$$

(B2) 関数 $t \mapsto B(t)$ は連続である．

もし，$\varphi\colon [0, \infty) \to \mathbb{R}$, $f\colon \mathbb{R} \to \mathbb{R}$ が，ともに滑らかな関数で $\varphi(0) = 0$ なら微積分の基本公式より次の等式を得る．

$$f(\varphi(t)) - f(0) = \int_0^t f'(\varphi(t))\varphi'(s)ds.$$

一方，ブラウン運動に対し，関数 $t \mapsto B(t)$ は上で述べたとおり連続だが，すべての t で微分不可能である．したがって，上式の $\varphi(t)$ を単純に $B(t)$ におきかえることはできない．ところが，次に述べる**伊藤の公式**によりこの不可能は可能になる．

$$f(B(t)) - f(0) = \int_0^t f'(B(s))dB(s) + \frac{1}{2}\int_0^t f''(B(s))ds,$$

ここで，右辺第1項は**確率積分**とよばれ，$t_j = jt/n$ $(j = 0, \cdots, n)$ に対し次の和の極限 $(n \to \infty)$ として得られる．

$$\sum_{j=1}^{n} f'(B(t_{j-1}))(B(t_j) - B(t_{j-1})).$$

ブラウン運動(より一般にマルチンゲール)に対する微積分学は**確率解析**とよばれ，現代の自然科学，数理経済学においても不可欠な言語である．詳しくは[**2**]を参照されたい．

2.2●統計力学

前述のブラウン運動がそうであるように，ある種の自然現象は非常に多くの分子の相互作用によって引き起こされる．そのような現象を数学的に説明するためには個々の分子の挙動を追跡するよりは，それら分子からなる集団の統計的特性に着目する方が現実的である．こうした研究手法は統計力学とよばれ，数学(特に確率論)と物理学の境界分野でもある．この分野は近年特に脚光を浴び，フィールズ賞受賞者も相次いでいる[7]．統計力学の代表的数学模型として,「感染症の蔓延」をモデル化したパーコレーション[**3**],「鉄の磁化」をモデル化したイジング模型[**4**]などがよく知られている．

[4] 相転移と臨界現象の数理

著／田崎晴明，原 隆
発行所／共立出版
（共立叢書 現代数学の潮流）
発行日／2015年6月
判型／A5判　ページ数／422ページ
定価／4180円

[5] [新装版]確率の基礎から統計へ

著／吉田伸生
発行所／日本評論社
発行日／2021年2月
判型／A5判　ページ数／192ページ
定価／2420円

3──参考書案内

新入生のみなさんにとって，測度論的確率論を本格的に学ぶのはもう少し

7）ウエルナー(2006)，オクンコフ(2006)，スミルノフ(2010)，ハイラー(2014)，デュミニル=コパン(2022)．

先になるだろう．まずは，ルベーグ積分論を前提としない確率論の教科書を通じ，確率論独特の用語や考え方に慣れておけば，将来の測度論的確率論の学習にも大いに役立つ．また，その間にルベーグ積分を少しずつ勉強し，測度論的確率論への準備を整えればよい．そのための参考書として，確率論には[**5**]，ルベーグ積分論には[**1**]をお勧めする．手前味噌で恐縮だが，どちらも自信をもって勧められるからこそ世に送った．[**5**]では，身近で現実的話題を題材に，確率論の基本的考え方に親しめる．[**1**]では，理論を偏重する従来型教科書に対し「まず実践，次に理論」という新教程を提案した．従来型教科書で挫折したが[**1**]に救われた，という経験談を多く耳にする．測度論的確率論に関する和書では，[**6**]に定評がある．現代的視点から必要項目が整然と配置され読みやすい．英語に抵抗がない場合は[**7**]も参照されたい．演習問題を含む多彩な具体例には確率論の面白さが溢れている．

[6] **確率論**

著／舟木直久
発行所／朝倉書店（[講座]数学の考え方）
発行日／2004年12月
判型／A5判　ページ数／276ページ
定価／4950円

[7] **Probability**
Theory and Examples

著／R. Durrett
発行所／Cambridge University Press
発行日／2010年8月
ページ数／440ページ

なお，[**1**]，[**5**]を含む拙著に関し，読者どうしで交流したり，匿名・記名で著者に質問できるX（元ツイッター）のアカウント（**@noby_leb**）が設けられている．ぜひ活用されたい．

複素関数論入門

木坂正史
●京都大学大学院人間・環境学研究科

1―はじめに

複素関数論とは複素変数の複素数値関数を扱う理論であり，複素解析，あるいは単に関数論などとも呼ばれる[1]．平たく言えば「複素関数の微分積分学」となるだろう．要するに，高校以来学んできている実関数 $y=f(x)\,(x,y\in\mathbb{R})$ の微積分の理論を複素関数 $w=f(z)\,(w,z\in\mathbb{C})$ に拡張したものである．次節以降で述べるように，その拡張の仕方はとても自然("自明" と言ってもよい)であるが，それによって信じられないほど非常に美しい世界が繰り広げられる．一例を挙げると，複素関数 $w=f(z)$ は，その定義域である領域 D の各点で1回微分可能なら，実は無限回微分可能となる．また複素関数を考えることによって，実関数での話がより本質的にかつ自然な形で理解できることが多々ある．

関数論の考え方は数学の中でも代数，解析，幾何のさまざまな分野に浸透している．具体的には例えば関数論の初歩の先にあるものとしてリーマン面，クライン群，タイヒミュラー空間等の理論，あるいは多変数関数論[2]，複素多様体，双曲幾何，複素力学系，解析数論等々が挙げられる．また関数論は純粋数学にとどまらず，例えば流体力学([柴]，[山口])，量子力学([新井])や弾性論([河村])をはじめ，物理や工学への応用も多数ある．このように関数論はそれ自体が数学の一大分野として豊かなものであるだけでなく，数学の内あるいは外でも「道具」として使われてもいて，いろんな意味でとても「役に立つ」ものである．それゆえに大学では主に理学部，工学部において通常，微積分と線型代数を一通り履修した後の2回生または3回生で履修することになっている．私の所属する京都大学での「関数論」のシラバスによると，内容は次のようになっている：

（1） 複素数と複素平面，リーマン球面
（2） 複素関数の微分法(複素微分可能性，コーシー・リーマンの方程式，正則関数)
（3） べき級数(収束半径，べき級数による初等関数の定義)
（4） 複素積分(複素線積分，グリーンの定理，コーシーの積分定理)
（5） コーシーの積分公式と正則関数の基本的性質(正則関数のべき級数展開，一致の定理，最大値の原理，代数学の基本定理)
（6） 有理型関数と留数定理(ローラン展開，留数定理および実関数の定積分の計算への応用)

時間があれば留数定理の理論的応用として偏角の原理，ルーシェの定理，逆関数定理についても，また調和関数との関連についても触れる．

もちろんこれは広大な関数論のごく入り口の部分であるが，半期15回で行われる関数論の講義内容は時間的制約もあるので，どの大学でも概ねこのようなものとなっているようである．本稿では正則関数の持つ著しい性質の一端を紹介しつつ，関数論の魅力を少しでもお伝えできればと思う．なお冗長さを避けるため，数学的厳密性を多少欠くような記述が一部あることを予めお断りしておく．

1）関数論は「函数論」と書かれることもある．以下では「関数論」で表記を統一する．
2）関数論の中にはもちろん，2変数以上の複素関数の理論も含まれる．慣例として単に「関数論」と言ったときは1変数の複素関数論を意味し，2変数以上の理論を指すときには「多変数関数論」と言う場合が多いように思われる．

2 ── 正則関数

大学1年での微積分学ではまず最初に数列 $\{a_n\}$ の極限の定義と性質，次に関数 $y=f(x)$ の極限と性質，さらにその連続性，微分可能性の定義…，と理論が進んでいく．ここで現れる数はすべて実数であるが，これをすべて複素数に置き換えるとどうなるか…，と考えてみよう．するとただちにこれらの概念が何の苦もなく複素数の範囲で考えることができる，とわかるだろう．例えば $\lim_{n\to\infty} a_n = \alpha$ の定義は

$$^\forall\varepsilon > 0,\ \ ^\exists n_0 \in \mathbb{N},\ \ ^\forall n > n_0,\ \ |a_n - \alpha| < \varepsilon$$

であったが，この定義で a_n や α を実数に限定する必然性は皆無である．絶対値記号 $|\cdot|$ を複素数の絶対値と思えば，まさにこのままの式で「複素数列 $\{a_n\}$ が $\alpha \in \mathbb{C}$ に収束する」の定義となる．関数の極限や連続関数の定義もまったく同様である．さらに関数 $f(z)$ が $z=z_0$ で**複素微分可能**であるとは

$$\lim_{z\to z_0} \frac{f(z)-f(z_0)}{z-z_0} = \lim_{h\to 0} \frac{f(z_0+h)-f(z_0)}{h}$$

が存在すること，と定義できる(この値を $f'(z_0)$ と書く)．すると例えば $f(z)=z^n$ は各点で複素微分可能で $f'(z)=nz^{n-1}$ となることがわかる．その証明は実関数 x^n に対して $(x^n)'=nx^{n-1}$ となることの証明(例えば2項展開を用いる…)とまったく同様である．$(f+g)'=f'+g'$ 等の導関数に関する基本性質も同じ形ですべて成り立つので，一般に z の多項式は各点で複素微分可能であるとわかる．

ここまでだと「まったく同様でつまらない」と思われるかもしれない．ところがこの「各点で複素微分可能」という条件(このことを，考えている定義域 ── 通常は $\mathbb{C}$ 内の領域を考える ── で**正則**である，という)は思いのほか強い条件なのである．例えば z にその複素共役 $\bar{z}$ を対応させる関数 $f(z)=\bar{z}$ が複素微分可能かどうかを考えてみよう．

$$\frac{f(z_0+h)-f(z_0)}{h} = \frac{\overline{z_0+h}-\overline{z_0}}{h} = \frac{\bar{h}}{h}$$

なので，$h\in\mathbb{R}$ として $h\to 0$ とするとこの値は $\to 1$ となるが $h\in i\mathbb{R}$ として $h\to 0$ とするとこの値は $\to -1$ となる．よってこの値の $h\to 0$ のときの極限

は存在しない，つまり $f(z)=\bar{z}$ は任意の点 $z=z_0$ で複素微分不可能である．ところがこの $f(z)$ は任意の点で連続ではある．したがって我々は「任意の点で連続であるが，任意の点で複素微分不可能な関数」を手に入れたことになる．一方，実関数でこのような性質を持つ関数を構成するのは容易ではない[3)]．このことからも複素微分可能性が非常に強い条件であることがうかがえる．$f(z)\in\mathbb{C}$ を

$$f(z)=u(x,y)+iv(x,y),\qquad z=x+iy,\qquad u(x,y),v(x,y)\in\mathbb{R}$$

と表示すると，f が $z=z_0=x_0+iy_0$ で複素微分可能であることは，u,v が (x_0,y_0) で全微分可能かつ

$$u_x=v_y,\qquad u_y=-v_x \tag{1}$$

を満たすことと同値であることが示される．これを**コーシー-リーマンの方程式**という．これが複素微分可能性の特徴付けである．ちなみに(1)の必要性は次のようにして導くことができる：複素微分可能なら定義式で $h\in\mathbb{R}$ として $h\to 0$ とした極限 u_x+iv_x と $h\in i\mathbb{R}$ として $h\to 0$ とした極限 v_y-iu_y が等しくなるので(1)が成り立つ(つまり，丸暗記しなくてよい!)．「複素関数 $f(z)$ を与える」とは「$(x,y)\in\mathbb{R}^2$ の2変数関数 $u(x,y),v(x,y)$ の組を与える」ことだが，正則であるような $f(z)$ を与えようとすると，(1)を満たすような u,v を与えなければならない[4)]．関数論を何も知らなければこのような例をたくさん挙げるのは結構難しいだろう．

この節では多項式が正則関数であることがわかった．ではこれ以外に正則

3) このようなものの最初の例はワイヤシュトラス関数(1872)

$$W(x)=\sum_{n=0}^{\infty}a^n\cos(b^n\pi x),\qquad 0<a<1,\qquad ab>1+\frac{3}{2}\pi,\qquad b：正の奇数$$

である．また高木貞治による高木関数(1903(明治36))

$$T(x)=\sum_{n=0}^{\infty}\frac{1}{2^n}\phi(2^nx),\qquad \phi(x)=\min_{n\in\mathbb{Z}}|x-n|$$

も知られている．発見当時は「病的な例」と思われてたようだが，いずれもそのグラフがフラクタルの典型例として1980年代以降に再び脚光を浴びることになった．

4) (1)を用いると u は $u_{xx}+u_{yy}=0$ を満たすことがわかる(v も同様)．このような実2変数関数を**調和関数**という．正則関数 $f(z)$ の実部 u と虚部 v はこのようなある種，調和のとれた(?!)性質を持つ必要があるのである．

関数の例はあるだろうか？

3—べき級数

微積分学では**べき級数** $f(x) = \sum_{n=0}^{\infty} a_n x^n$ について学ぶ．これは「$x=0$ 以外で発散」や「任意の x で絶対収束」という極端な場合を除き，ある $0<r<\infty$ が定まり，「$|x|<r$ で絶対収束，$|x|>r$ で発散」となる．この r のことを**収束半径**と呼んだが，「円も出てきていないのに“半径”って？」と思われた方も少なくないと思う．その理由はこのべき級数を複素数まで拡張して考えようとするとただちにわかる．前節で述べたのと同様に，微積分学でのべき級数の理論とその証明は，まったくそのままの形で複素数にまで拡張できる．すなわち，微積分の本の当該部分は変数 x を z に置き換え，a_n は複素数だ，と思って読めばそのまま意味が通じる．よって複素数のべき級数 $f(z) = \sum_{n=0}^{\infty} a_n z^n$ は極端な場合を除き，「$|z|<r$ で絶対収束，$|z|>r$ で発散」となる．$\{z \in \mathbb{C} \mid |z|<r\}$ は複素平面内の円板であり，r はまさにその“半径”である．このようにべき級数で表される関数を**解析関数**という．解析関数 $f(z)$ は $\{z \in \mathbb{C} \mid |z|<r\}$ で正則であり

$$f'(z) = \sum_{n=1}^{\infty} n a_n z^{n-1}$$

が成り立つ(項別微分)．さらに $f(z)$ は C^{∞}-級である．これで我々は正則関数の実例をかなりたくさん手に入れたことになる．

4—初等関数

さて，次の微積分の問題を見てもらおう：

問● $\dfrac{1}{\cos x}$ は偶関数なので，そのマクローリン展開は $\sum_{n=0}^{\infty} a_n x^{2n}$ の形となる．このとき

$$\frac{2}{e^x+e^{-x}} = \sum_{n=0}^{\infty} (-1)^n a_n x^{2n}$$

となることを示せ.

実関数しか知らない人がこの問を見たら，きっと「三角関数 $\cos x$ と指数関数 e^x の間には何か不思議な関係があるのか…？」と思うだろう．ところがこれを複素関数の問題と捉えると，答えはほぼ自明となってしまう．実関数 $e^x, \cos x, \sin x$ はそれぞれ

$$e^x = \sum_{n=0}^{\infty} \frac{x^n}{n!}, \qquad \cos x = \sum_{n=0}^{\infty} \frac{(-1)^n x^{2n}}{(2n)!}, \qquad \sin x = \sum_{n=0}^{\infty} \frac{(-1)^n x^{2n+1}}{(2n+1)!}, \qquad x \in \mathbb{R} \tag{2}$$

というべき級数展開を持った．(2)を用いると，これらの関数の定義域を複素数に拡張するのはたやすい．すなわち(2)の各右辺で x を z に置き換えたものをそれぞれ $e^z, \cos z, \sin z$ と定義すればよい．すると簡単な計算により

$$e^{iz} = \cos z + i \sin z \tag{3}$$

が成り立つことがわかる．さらに $e^{-iz} = \cos z - i \sin z$ もわかるので，この2式より

$$\cos z = \frac{e^{iz}+e^{-iz}}{2}, \qquad \sin z = \frac{e^{iz}-e^{-iz}}{2i}$$

となる．これを用いると先の問はほぼ自明に解ける．このように指数関数と三角関数は複素関数と考えると，ほとんど兄弟のようなものである．実際(3)からは，実関数としては単調増加関数であった指数関数が複素関数としては周期 $2\pi i$ の周期関数であることもわかる．

(3)を**オイラーの公式**という．特に $z = \theta \in \mathbb{R}$ とした $e^{i\theta} = \cos\theta + i \sin\theta$ をそう呼ぶこともよくある．特に $\theta = \pi$ とおくと $e^{i\pi} = -1$，すなわち

オイラーの等式：$e^{i\pi}+1 = 0$

という，何とも神秘的で美しい等式が得られる．また(3)を用いると高校の教科書によく載っているド・モアブルの公式

$$(\cos\theta + i \sin\theta)^n = \cos n\theta + i \sin n\theta$$

は単に

$$(e^{i\theta})^n = e^{in\theta}$$

と書ける．これは指数法則そのものである．

5 ── 複素線積分とコーシーの積分定理・積分公式

次に積分について考察してみよう．実関数の定積分 $\int_a^b f(x)dx$ のように，複素関数 $f(z)$ と $a, b \in \mathbb{C}$ に対して "$\int_a^b f(z)dz$" を定義したい，と考えると問題が生じる．実数のときは「a から b」の意味はほぼ自明であるが，複素数 a, b については「「a から b」とは？」となる．実際 $a \neq b$ のとき，複素平面上で a から b への行き方は単に線分で結ぶ以外にもさまざまな径路が考えられる．そこで関数論では a を始点，b を終点とする曲線 γ を 1 つ指定して

$$\int_\gamma f(z)dz$$

という**複素線積分**なるものを考える．この値は

$$\gamma(t) = x(t) + iy(t), \quad 0 \leqq t \leqq 1, \quad \gamma(0) = a, \quad \gamma(1) = b$$

で，これが C^1-級のときは

$$\begin{aligned}\int_\gamma f(z)dz &= \int_0^1 f(\gamma(t))\gamma'(t)dt \\ &= \int_0^1 \{u(x(t), y(t)) + iv(x(t), y(t))\} \times (x'(t) + iy'(t))dt\end{aligned}$$

と具体的に計算される．つまり「a から b の積分」は一般に径路によって異なるのである．特に $a = b$ のときを考えると，実関数のときは a から a の積分は当然 $\int_a^a f(x)dx = 0$ であるが，複素関数となると「a から a」とは「a から始まり a に戻ってくる曲線 γ に沿った積分」ということになる．よってこの値は一般には 0 になるとは限らなくなる．例えば $\gamma(t) = e^{it}$ $(0 \leqq t \leqq 2\pi)$, $f(z) = \dfrac{1}{z}$ のとき

$$\int_\gamma f(z)dz = \int_0^{2\pi} \frac{1}{e^{it}} ie^{it}dt = \int_0^{2\pi} idt = 2\pi i \tag{4}$$

となる(注：(3)参照)．

さて，関数論で最も重要で基本的な結果は次の**コーシーの積分定理**とそれから導かれる**積分公式**である．

定理(コーシーの積分定理) ● $f(z)$ は領域 D で正則で，単純閉曲線 γ とその内部は D に含まれるとする．このとき $\int_\gamma f(z)dz = 0$ が成り立つ．

これは「ある状況ではaからaの積分は0となる」という主張だと言える．例(4)ではγは円周なので単純閉曲線だが，$f(z)=\dfrac{1}{z}$はγの内部の点0で，正則ではない．よってこの定理は適用できない．

定理(コーシーの積分公式)●上の積分定理の状況で，γの内部の任意の点zに対して次が成り立つ：

$$f(z)=\frac{1}{2\pi i}\int_{\gamma}\frac{f(\zeta)}{\zeta-z}d\zeta \tag{5}$$

この公式は正則関数fのzでの値がfを含む関数の積分で表示できることを示す．この定理の状況では，実は積分径路をzを中心とする半径εの円周ともとれる．しかも$\varepsilon>0$は十分小さければ何でもよい．これは1点zでの値がその周囲の値と関係を持っていることを示している．これが正則関数の非常に著しい特徴であり，この積分公式から芋づる式に，正則関数のさまざまな基本的性質が証明されていく．次節でそれらのいくつかを紹介しよう．

6 ─ 正則関数の基本的性質

コーシーの積分公式からまずただちにわかるのは，(5)の右辺は積分記号下で微分可能であり，よって

$$f'(z)=\frac{1}{2\pi i}\int_{\gamma}\frac{f(\zeta)}{(\zeta-z)^2}d\zeta$$

が成り立つことである．さらには一般に

$$f^{(n)}(z)=\frac{n!}{2\pi i}\int_{\gamma}\frac{f(\zeta)}{(\zeta-z)^{n+1}}d\zeta$$

となる．つまりfはC^{∞}-級，すなわち無限回微分可能であるとわかる．実関数の世界では1回微分可能だが2回微分可能ではない関数などが存在するが，複素関数の世界ではそんな中途半端なものは存在しない！

さらには$f(z)$がDで正則なら，積分公式を用いて少しテクニカルな計算をすると，$z_0\in D$の近傍で

$$f(z) = \sum_{n=0}^{\infty} a_n(z-z_0)^n, \qquad a_n = \frac{1}{2\pi i}\int_\gamma \frac{f(\zeta)}{(\zeta-z_0)^{n+1}}d\zeta$$

と**べき級数展開**(**テーラー展開**)できることがわかる．すなわち，正則関数は解析関数なのである．前節のことと合わせると結局，正則関数と解析関数は同義語ということになる．一方，実関数の中には C^∞-級だがべき級数では表せないものが存在するのであった．

定理(リュービルの定理)●$\mathbb{C}$ 全体で有界な正則関数は定数関数である．

「$\sin z$ は有界なはずでは？」と思われる方もおられるだろう．たしかに実関数としては $|\sin x| \leqq 1$ なのでこれは有界であるが，複素関数 $\sin z$ は $\mathbb{C}$ 上では非有界である(虚軸上での値 $\sin(iy)$ を考えよ)．これの応用として「n 次代数方程式 $P(z)=0$ は重複度を込めてちょうど n 個の解を持つ」(**代数学の基本定理**)が次のように簡単に示せる：$P(z)=0$ が $\mathbb{C}$ で解を 1 つも持たなければ $\dfrac{1}{P(z)}$ は $\mathbb{C}$ で正則かつ有界，とわかる．よってリュービルの定理より定数関数，となり矛盾．よって少なくとも 1 つ解 $z=\alpha_1$ を持つ．すると $P(z)$ は次のように書ける：

$$P(z) = (z-\alpha_1)Q(z)$$

$Q(z)$ に対して同様の議論をすると，$Q(z)=0$ も少なくとも 1 つ解を持つ．以下これを繰り返せばよい．

定理(一致の定理)●f, g を領域 D で正則とし，$a_n \in D$ は $a_n \to \alpha \in D$ $(n \to \infty)$ を満たすとする．もし $f(a_n) = g(a_n)$ ならば，D 上で $f \equiv g$ である．

定義域内に集積点を持つような可算点列上で値が一致している，ということから定義域全体で関数が一致するという結論が導かれるのは驚きである．よって特に 2 つの正則関数は例えば内点を持つような集合や，あるいはある連続曲線上で値が一致していれば，定義域全体で一致する．言い換えると，正則関数は正則性を保ったまま一部分の値だけを変える，ということは不可能なのである．この一致の定理を使うと例えば次のようなこともわかる：

問●領域 D 上の正則関数 $f(z), g(z)$ が D 上で $f(z)g(z) \equiv 0$ を満たすなら，$f(z) \equiv 0$ または $g(z) \equiv 0$ となることを示せ．

実関数でこの問の仮定は満たすが結論を満たさないものを構成するのはやさしい．

定理(最大値の原理)●有界領域 D 上で正則な関数 $f(z)$ が定数関数ではないとすると，$|f(z)|$ は D 上では最大値をとらない．さらに $f(z)$ が $\overline{D}$ 上で連続ならば，$|f(z)|$ は ∂D で最大値をとる．

$|f(z)|$ は定義域の境界でしか最大値をとらないのである．一方，実関数では例えば $f(x)=x^2-1,\ x \in [-1,1]$ とすると，$|f(x)|$ は $x=0$ で最大値 1 をとり，端点 $x=\pm 1$ では最大値をとらない．最大値の原理の応用として次の有名なシュワルツの補題がある．

定理(シュワルツの補題)●$f(z)$ は単位円板 $\mathbb{D} := \{z \mid |z|<1\}$ で正則で，$|f(z)|<1,\ f(0)=0$ を満たすとする．このとき任意の $z \in \mathbb{D}$ で $|f(z)| \leqq |z|$ が成り立つ．さらに，ある $z_0 \neq 0 \in \mathbb{D}$ で等号成立ならば，$f(z)=e^{i\theta}z$ ($\theta \in \mathbb{R}$) である．

これを用いると $\mathbb{D}$ の正則自己同型，すなわち $\mathbb{D}$ から $\mathbb{D}$ への正則写像 $\varphi: \mathbb{D} \to \mathbb{D}$ で全単射で逆写像 φ^{-1} も正則なものは

$$\varphi(z) = e^{i\theta} \cdot \frac{z-\alpha}{1-\overline{\alpha}z}, \qquad (\alpha \in \mathbb{D},\ \theta \in \mathbb{R})$$

と表されることが証明できる．このような具体表示が導けるのは大変興味深い．

7 ─ 留数定理

例えば $f(z) = \dfrac{1}{z^2(z-1)^2}$ は $z=0$ では定義されないが，$0<|z|<1$ なる

zでは定義され，正則である．一般に$f(z)$が$0<|z-z_0|<r$で正則になるとき，$z=z_0$をfの**孤立特異点**という．このときfは

$$f(z)=\sum_{n=-\infty}^{\infty}a_n(z-z_0)^n$$

と**ローラン展開**され，$(z-z_0)^{-1}$の係数a_{-1}をfの$z=z_0$における**留数**(**residue**)といい，$\mathrm{Res}(f,z_0)$などと書く．上記の$f(z)$については$z=0$の近傍で

$$f(z)=\frac{1}{z^2}\left(\frac{1}{1-z}\right)'=\frac{1}{z^2}(1+z+z^2+\cdots)'$$

$$=\frac{1}{z^2}(1+2z+3z^2+\cdots)=\frac{1}{z^2}+\frac{2}{z}+3+\cdots$$

となるので$\mathrm{Res}(f,0)=2$である．$\dfrac{1}{z^2}+\dfrac{2}{z}$をこのローラン展開の**主要部**という．

定理（留数定理）●γを単純閉曲線とし，$f(z)$はγとその内部を含むある領域で孤立特異点$\alpha_1,\cdots,\alpha_m$を除いて正則であるとする．このとき次が成り立つ：

$$\frac{1}{2\pi i}\int_\gamma f(z)dz=\sum_{n=1}^{m}\mathrm{Res}(f,\alpha_n)$$

これの応用例として広義積分$\displaystyle\int_{-\infty}^{\infty}\frac{dx}{x^4+1}$の値が

$$2\pi i\times(\mathrm{Res}(f,e^{\frac{\pi i}{4}})+\mathrm{Res}(f,e^{\frac{3\pi i}{4}}))$$

$$=2\pi i\left(\lim_{z\to e^{\frac{\pi i}{4}}}\frac{z-e^{\frac{\pi i}{4}}}{z^4+1}+\lim_{z\to e^{\frac{3\pi i}{4}}}\frac{z-e^{\frac{3\pi i}{4}}}{z^4+1}\right)$$

$$=2\pi i\left(\frac{1}{4e^{\frac{3\pi i}{4}}}+\frac{1}{4e^{\frac{9\pi i}{4}}}\right)=\frac{\pi}{\sqrt{2}}$$

と簡単に求まる（注：(3)参照）．もしこれを実関数の範囲で計算するのなら，かなり苦労して原始関数

$$\int \frac{dx}{x^4+1}$$
$$= \frac{1}{4\sqrt{2}} \log \frac{x^2+\sqrt{2}x+1}{x^2-\sqrt{2}x+1} + \frac{1}{2\sqrt{2}} \{\tan^{-1}(\sqrt{2}x+1) + \tan^{-1}(\sqrt{2}x-1)\}$$

を求めてから，となる．留数定理によって計算量は少なくなるし，またテクニカルな計算を経ずに，単に $e^{\frac{\pi i}{4}}$ と $e^{\frac{3\pi i}{4}}$ における留数を普通に計算するだけでよくなる．またこの計算は $\int_{-\infty}^{\infty} \frac{dx}{x^4+1}$ という実関数の広義積分の値が，分母が 0 となる値 $e^{\frac{\pi i}{4}}, e^{\frac{3\pi i}{4}}$ —— これらは $\mathbb{R}$ 内には存在しない！—— における留数という複素関数の概念によって決まることを主張している．このように複素関数まで広げて考えることによって，実関数の本質が自然と見えてくる．

ほかにも例えば

$$\frac{1}{x^2(x-1)^2} = \frac{1}{x^2} + \frac{2}{x} + \frac{1}{(x-1)^2} - \frac{2}{x-1}$$

などの有理関数の部分分数分解とは実は一般に，各孤立特異点におけるローラン展開の主要部の和への分解なのである．

8 —— 終わりに：関数論を学ぶにあたって

最後に関数論を学ぶ際の注意点を簡単に述べる．関数論の初歩で出てくる用語や概念は微積分学からの援用が多々あるので，その分親しみやすいように思う．概念的にはまず関数の正則性，複素線積分は重要なのでしっかりと理解しよう．その上でコーシーの積分定理・公式を理解し，そこから正則関数の基本的性質が順次導き出されるさまをじっくりと味わおう．「こんなに話がうまくいっていいのか？」と思うほど，おもしろいように次々と正則関数の美しい性質が明らかになっていく．最後の方で出てくる孤立特異点，ローラン展開，留数等の概念は応用上でも非常に重要なので，計算のさまざまなテクニックとともにマスターしよう．留数定理を用いた実関数の定積分の計算が自由自在にできるようになれば関数論の初歩は「卒業」となる．

関数論の初歩では理解するのに時間がかかるようなまったく新しい概念はまずないと思われる．一方，登場するさまざまな定理の証明では関数列の絶対収束性や広義一様収束性，それゆえに保証される無限和における順序交換や積分と極限操作の交換，積分と微分の交換(積分記号下での微分)などが頻繁に現れる．初学者にとって関数論の初歩の理解に難しさがあるとしたら，概念などの内容そのものよりもむしろ案外，このような1年の微積分学で学んでいるはずの概念やそれらを用いた議論の部分なのかもしれない．これらの概念があやふやな方は学んでいく過程で改めてこれらを理解しつつ前に進んでいただきたい．

9 ─ 初学者に薦める本

関数論の本は今や世にたくさんあるが，どの本も大抵，1節に書いたシラバスの内容は最低限扱っている．この先の内容としては例えば

（＊） 整関数の無限積表示，ガンマ関数，有理型関数の部分分数展開，楕円関数，正規族，等角写像とリーマンの写像定理，解析接続，初等リーマン面，ゼータ関数と素数定理，調和関数の一般論

などがある．(＊)の内容まで学ぶと関数論の豊かさと美しさがさらに実感できると思うので，可能なら(＊)の内容を多く扱った本を読んでいただきたい．代表的なものとして[**1**]を挙げておく．これは第1回フィールズ賞受賞者でもある著者による古典的名著である．意欲的な方はこれの英語版を数人でセミナー形式で学ぶのもよいだろう．このほかでは，例えば[スタイン-シャカルチ]や[野口]などもすばらしい．もう少しページ数が少ないものとして比較的最近出版された[**2**]がある．これに

[**1**] **複素解析**
著／L. V. アールフォルス
訳／笠原乾吉
発行所／現代数学社
発行日／1982年3月
判型／A5判　ページ数／392ページ
定価／4730円

は興味深い演習問題が多数収録されており，またその解答も丁寧に説明されている．楽しみながら関数論が学べること請け合いである．このほかにも［神保］や［藤家］などを挙げておく．

これら以外にも関数論の良書は本当にたくさんある．皆さんはぜひ，図書館や書店に行っていろいろな本を手にとってみて，ご自身にふさわしい本を見つけてみてほしい．

［2］**複素関数論講義**

著／野村隆昭
発行所／共立出版
発行日／2016年8月
判型／A5判　ページ数／290ページ
定価／3080円

参考文献

［新井］新井朝雄，『複素解析とその応用』，共立出版，2006.

［河村］河村哲也，『数物系のための複素関数論――理工系の基礎数理として』，サイエンス社，2016.

［ 柴 ］柴雅和，『複素関数論』，朝倉書店，2013.

［神保］神保道夫，『複素関数入門』，岩波書店，2003.

［スタイン-シャカルチ］エリアス・M.スタイン，ラミ・シャカルチ（新井仁之，杉本充，高木啓行，千原浩之訳），『複素解析』，日本評論社，2009.

［野口］野口潤次郎，『複素解析概論』，裳華房，1993.

［藤家］藤家龍雄，『複素解析学』，朝倉書店，1982.

［山口］山口博史，『複素関数』，朝倉書店，2003.

物理数学

西野友年
●神戸大学大学院理学研究科

1 ―数学のような，物理学のような

身の回りから宇宙までの自然現象を，なるべく単純な**原理**から出発して，統一的に理解しようと試みる一群の学問が物理学である．その発展を辿ると，例えばニュートン(1642-1727)，オイラー(1707-1783)，ラグランジュ(1736-1813)，ラプラス(1749-1827)など，数学と物理学の双方に名を残した人々に遭遇する．当時はまだ，さまざまな学問分野が細分化されないまま，おおらかに研究されていたのだろう．そんな中で必要に駆られ，**微分方程式**はもちろんのこと，**ベクトル解析**や**フーリエ解析**など，新しい数学も生まれて来た．

時代とともに物理学と数学の「学問としての興味」は別の道を歩み始め，物理学の習得を志す若者は，

- **物理現象の記述に必要な数学**を予め学ぶ

ようになった．まとめて習う方が頭に入り易く，時間の節約にもなる．これが**物理数学**と呼ばれるものの実態だ．必要であれば何でも使うという“節操のなさ”が特徴で，幾つもの数学の道具を組み合わせて，ともかく目の前の現象を説明してしまう，そんな総合力が求められる．

数学という大きな学問体系の中から，使えそうなものを“つまみ食い”する

ことから，物理数学で使う用語・訳語の中には，数学ではあまり見かけないものもある．例えばoperatorを物理数学では**演算子**，数学では**作用素**と訳す．数の世界は広いけれども，自然現象の記述に「今のところ」役に立たない数学の知識は，ひとまずお蔵入りとなる．ある実数 x が**超越数**かどうか？という問題が物理学に絡んで来る場面は，非常に限られていることだろう．

理学部や工学部に入学すると，微分・積分が主体の**解析学**と，ベクトルや行列が登場する**線形代数**を，教養科目または専門科目の一部として習い始める．これこそ物理学の修得には必須の知識であり，物理数学と呼んで差し支えない．このように少し広い意味で物理数学を捉えて，いつ何をどのように学ぶのか，眺めて行こう．以下に並べた数式・記号や用語について直ちに理解する必要はなく，読み流して雰囲気を楽しんで欲しい．

2 ― 力学から微分方程式へ

高校で習う「理科の物理」では，なるべく数学を使わずに，物理概念の基礎固めに徹するという約束事がある[1)]．この「何とも窮屈な縛り」から新入生を解き放つことから，大学の物理教育が始まる．したがって，最初は物理の講義の最中に，気づかない形で物理数学に遭遇するはずだ．

物体の運動を記述する**力学**の学習では，まず物体の位置を，**ベクトルの値を持つ**時刻 t の関数

$$\boldsymbol{r}(t) = \begin{pmatrix} x(t) \\ y(t) \\ z(t) \end{pmatrix} \tag{1}$$

で表す．何も断らずに，直交する単位ベクトル $\boldsymbol{e}_x, \boldsymbol{e}_y, \boldsymbol{e}_z$ で張られる**3次元ベクトル空間**を“使ってしまう”のが物理らしいところで，空間がどこまで広がっているのかなど，細かいことは気にしない．実数として扱う時刻 t も同様で，無限の過去や未来があるかは誰も知らないし，時間に最小単位があるか

1）最近では高校の物理でも，いわゆる「探求活動」の枠内であれば，少しくらい「数学Ⅲ」の知識を使って構わない．

どうかもわからない.

質量が m の小さな物体(質点)が力 $\boldsymbol{F}(t)$ を受けていれば,位置 $\boldsymbol{r}(t)$ の時間変化,つまり運動は,ニュートン方程式の名で呼ばれる**微分方程式**

$$m\frac{d^2}{dt^2}\boldsymbol{r}(t) = \boldsymbol{F}(t) \tag{2}$$

で記述される.もう少し正確に言うと,我々が「目で見る範囲」の実験的な観測事実と,式(2)の間に矛盾はない.高校では微分方程式を詳しくは扱わないので,大学1年生に向けて式(2)を黒板に書く場合には,これが位置 $\boldsymbol{r}(t)$ を定める方程式であることを解説する.仮に $\boldsymbol{F}(t)$ が $\boldsymbol{r}(t)$ に無関係であれば,両辺を t に対して2度積分すれば,少なくとも形式的には $\boldsymbol{r}(t)$ を表す式が得られる.

力が $\boldsymbol{r}(t)$ に関係する場合には,もう少し頭を使う.バネによる復元力 $\boldsymbol{F}(t) = -k\,\boldsymbol{r}(t)$ が働いている場合には,物理的直感(?!)を働かせて $\boldsymbol{r}(t) = \boldsymbol{A}e^{i\omega t}$ と置いてみる.ただし $\boldsymbol{A}$ は時間に関係しないベクトルだ.すると,$\omega = \sqrt{\frac{k}{m}}$ であれば $\boldsymbol{A}e^{i\omega t}$ が式(2)を満たす**単振動**の解であることを確認できる.この辺りで既に,**複素関数論**がシッポを出しているのだ.さらに空気抵抗 $\boldsymbol{F}(t) = -\gamma\frac{d}{dt}\boldsymbol{r}(t)$ が加わると,式(2)は**2階線形微分方程式**の一般的な形

$$m\frac{d^2}{dt^2}\boldsymbol{r}(t)+\gamma\frac{d}{dt}\boldsymbol{r}(t)+k\boldsymbol{r}(t) = 0 \tag{3}$$

になり,**解析解**を得る過程で**線形代数**の知識が役立つことに気づくだろう.以上は簡単な例で,力 $\boldsymbol{F}(t)$ が $\boldsymbol{r}(t)$ の**非線形関数**である場合には,最前線の専門家も裸足で逃げる難問と化すのである.

時刻 t_a から $t_b\,(> t_a)$ までの間に力 $\boldsymbol{F}(t)$ が行なった仕事は,高校で習う**ベクトルの内積**を使って

$$W = \int_{t_a}^{t_b}\boldsymbol{F}(t)\cdot\frac{d\boldsymbol{r}(t)}{dt}dt = \int_C \boldsymbol{F}(\boldsymbol{r})\cdot d\boldsymbol{r} \tag{4}$$

と書き表すことができる.最後の**線積分**への式変形は**保存力**の下で可能で,記号 C は物体が移動した**経路**(あるいは軌跡)を表し,$\boldsymbol{F}(\boldsymbol{r})$ は位置 $\boldsymbol{r}$ で物体に働く力である.仕事 W を足掛かりとして,講義はさらに**エネルギー**へと

習い進んで行く．大学の物理では**ベクトルの外積**も新たに学び，**角運動量**

$$\boldsymbol{L}(t) = \boldsymbol{r}(t) \times \boldsymbol{p}(t) = \boldsymbol{r}(t) \times \left[m \frac{d\boldsymbol{r}(t)}{dt} \right] \tag{5}$$

の定義に用いる．外積とは何じゃ？ と興味を持った人は，きっと**外積代数**に首を突っ込んでくれるだろう．物理学者は，**面積や体積**を素朴に受け入れるけれども，数学者は“何でも突き詰める”のである．

以上，どれだけ数学用語が出てきただろうか．力学の講義はまだまだ先があるのだけれども，物理数学から段々と離れた話になりそうなので，この辺りにしておこう．(→6節の参考書へ)

3 ― ベクトル解析

ひと通り質点の力学を習い終えると，球や棒など，大きさを持ち硬い物体である**剛体**や，コンニャクのような**弾性体**へと視野を広げて行く．その先には，液体や気体を取り扱う**流体力学**が待ち受けているのだ．川の流れを思い浮かべて，水中の座標を，**位置ベクトル** $\boldsymbol{r} = \begin{pmatrix} x \\ y \\ z \end{pmatrix}$ で表してみよう．川の水は動いているので，それぞれの位置 $\boldsymbol{r}$ において，時刻 t での流れの速度

$$\boldsymbol{v}(\boldsymbol{r}, t) = \begin{pmatrix} v_x(\boldsymbol{r}, t) \\ v_y(\boldsymbol{r}, t) \\ v_z(\boldsymbol{r}, t) \end{pmatrix} \tag{6}$$

を考えることができる．空間の点それぞれに，速度という**ベクトル量**が対応しているわけで，このようなモノを**ベクトル場**と呼ぶ．質点力学に倣って，川の流れを**運動方程式**により記述しようとすれば，ベクトル場に対する微分や積分を整理した形にまとめた**ベクトル解析**が必須の道具となる．**ガウスの発散定理**や**グリーンの定理**など，あれこれと学ぶべき項目があるけれども，まずは“流れ”を頭に思い浮かべることが特に重要だ．

大学の学部・学科によっては，流体力学よりも先に**電磁気学**から習い始めることもある．**電場**(電界)と**磁場**(磁界)は，高校では数式を使わず，直感的な説明で“何となく”教え込まれる．電場 $\boldsymbol{E}(\boldsymbol{r}, t)$ はベクトル場そのものであり，磁場 $\boldsymbol{B}(\boldsymbol{r}, t)$ も同様だ．したがって大学では，ベクトル解析を使って電

磁気学を習い直す．電磁気学演習と称してベクトル解析を教える大学もあれば，予め物理数学として教えておく方針の大学もある．ともかく，電場や磁場が従う**マクスウェル方程式**

$$\nabla\cdot\boldsymbol{D}(\boldsymbol{r},t)=\rho(\boldsymbol{r},t)\qquad\nabla\cdot\boldsymbol{B}(\boldsymbol{r},t)=\boldsymbol{0}$$
$$\nabla\times\boldsymbol{E}(\boldsymbol{r},t)=-\frac{\partial\boldsymbol{B}(\boldsymbol{r},t)}{\partial t}\tag{7}$$
$$\nabla\times\boldsymbol{H}(\boldsymbol{r},t)=\boldsymbol{j}(\boldsymbol{r},t)+\frac{\partial\boldsymbol{D}(\boldsymbol{r},t)}{\partial t}$$

から電磁気学の学習を始めることに，変わりはない．これらの式を初めて見た人は，**ナブラ記号**

$$\nabla=\begin{pmatrix}\dfrac{\partial}{\partial x}\\ \dfrac{\partial}{\partial y}\\ \dfrac{\partial}{\partial z}\end{pmatrix}\tag{8}$$

と，**偏微分**を表す∂に目を回すかもしれない．演算子 ∇ は“ベクトルのようなもの”で，例えば磁場 $\boldsymbol{B}(\boldsymbol{r},t)$ へと内積を取る形で**作用する**場合には

$$\nabla\cdot\boldsymbol{B}(\boldsymbol{r},t)=\frac{\partial B_x(\boldsymbol{r},t)}{\partial x}+\frac{\partial B_y(\boldsymbol{r},t)}{\partial y}+\frac{\partial B_z(\boldsymbol{r},t)}{\partial z}\tag{9}$$

と計算を進め，$\boldsymbol{B}(\boldsymbol{r},t)$ の**発散**(divergence)と呼ばれる量を表す．一方で，外積記号を使った $\nabla\times\boldsymbol{E}(\boldsymbol{r},t)$ は電場 $\boldsymbol{E}(\boldsymbol{r},t)$ の**回転**(rotation)あるいは**渦度**(vorticity)を表すものだ．これらの言葉遣いには，流体力学の伝統が息づいている．

電磁気学の講義は**電磁波**を習うことで，一応の仕上げとなる．マクスウェル方程式を変形して行くと，

$$\left[\frac{\partial^2}{\partial x^2}+\frac{\partial^2}{\partial y^2}+\frac{\partial^2}{\partial z^2}-\frac{1}{c^2}\frac{\partial^2}{\partial t^2}\right]\boldsymbol{E}(\boldsymbol{r},t)=\boldsymbol{0}\tag{10}$$

という形の**偏微分方程式**へと到達する．この式は特に**波動方程式**と呼ばれ，電場と磁場が“絡み合った”電磁波が，速さ c で空中を進む現象を表している．式中に**ラプラス演算子**

$$\Delta=\nabla^2=\frac{\partial^2}{\partial x^2}+\frac{\partial^2}{\partial y^2}+\frac{\partial^2}{\partial z^2}\tag{11}$$

が登場していることにも注目しよう．

ベクトル解析は，出てくる式が記号だらけで，わけがわからない！―― と感じた方は，先に**外微分形式**を習っておくと良い．いや，そもそも，**微分幾何学**から始めるべきだろうか…．

4 ―― フーリエ解析

三角関数をいくつも足し合わせる形で，とある条件(?!)を満たす関数 $f(x)$ を表す**フーリエ級数**

$$f(x) = \frac{1}{2}a_0 + \sum_{n=1}^{\infty}[a_n\cos(nx) + b_n\sin(nx)] \tag{12}$$

は，熱が物体中をどのように伝わるか？ という，実に物理的な問題を解決する道具として，フーリエが思いついたものだ．指数関数と三角関数は兄弟のようなもので，フーリエ級数を一般化した**フーリエ変換**と，その逆変換の組み合わせ

$$g(k) = \frac{1}{\sqrt{2\pi}}\int_{-\infty}^{\infty} e^{-ikx}f(x)dx \tag{13}$$

$$f(x) = \frac{1}{\sqrt{2\pi}}\int_{-\infty}^{\infty} e^{ikx}g(k)dk \tag{14}$$

は，電気信号の波形処理など，工学的技術の基本として，欠かすことができない．例えば，時刻 $t = 0$ でのみ大きな値を持つパルス信号は，**デルタ関数**

$$\delta(t) = \frac{1}{2\pi}\int_{-\infty}^{\infty} e^{i\omega t}d\omega = \frac{1}{\sqrt{2\pi}}\int_{-\infty}^{\infty}\frac{e^{i\omega t}}{\sqrt{2\pi}}d\omega \tag{15}$$

で近似的に考えることができて，その**フーリエ成分**は $g(\omega) = \dfrac{1}{\sqrt{2\pi}}$ で一定である．この事実から，パルス信号がさまざまな“周波数成分”を持っていることも容易に理解できるのだ．

物理学では前述の電磁波に限らず，**波動現象**によく遭遇する．水の面には波が立つし，水中では**音波**が伝わる．原子や分子に目を向けると，そこは**量子力学**が支配する極微の世界で，物質を構成する**素粒子**もまた，波としての性質を併せ持つのである．波が立つような**媒質**のことを，物理学では**場**と呼

び，その性質を記述する際に，フーリエ変換を湯水のように使う．場の状態が，波によって表現されるからである．こういう理由から，大学2年か3年で**フーリエ解析**を習うはずだ．

量子力学の講義では，出発点として波動関数 $\psi(\boldsymbol{r}, t)$ が満たす**シュレディンガー方程式**

$$i\hbar \frac{\partial}{\partial t}\psi(\boldsymbol{r}, t) = \left[-\frac{\hbar^2}{2m}\nabla^2 + V(\boldsymbol{r})\right]\psi(\boldsymbol{r}, t) \tag{16}$$

から話し始めることが多い．**ポテンシャル関数** $V(\boldsymbol{r})$ が常に0であれば，式(16)は**平面波** $e^{i\boldsymbol{k}\cdot\boldsymbol{r}-i\omega(\boldsymbol{k})t}$ を解として持つ——ことを習う．もう少し講釈を続けると，$\boldsymbol{k}$ は波数ベクトル，$\omega(\boldsymbol{k})$ は角振動数と呼ばれ，**エネルギー期待値** $\varepsilon = \hbar\omega(\boldsymbol{k}) = \dfrac{\hbar^2|\boldsymbol{k}|^2}{2m}$ を与える．量子力学では，平面波に係数 $c(\boldsymbol{k})$ を掛けて積分したもの

$$\psi(\boldsymbol{r}, t) = \int c(\boldsymbol{k})\, e^{i\boldsymbol{k}\cdot\boldsymbol{r}-i\omega(\boldsymbol{k})t} d\boldsymbol{k} \tag{17}$$

も頻繁に取り扱い，これは**重ね合わせ状態**を表す波動関数の一例でもある．式(17)はフーリエ逆変換を，少しだけ変形した形になっている．

量子力学の例のように，3次元空間の中で波動方程式の解——**固有解**——を求める問題と，フーリエ解析は不可分であると言える．また，微分と積分を扱う解析学と，行列を扱う線形代数が，ここの辺りでバッタリと出会う．行列の**対角化**について，勉強をサボっていると，にわか勉強に走ることになるのだ．また，量子力学の講義の中で，それとは気づかない形で**グリーン関数**や**リー代数**を教えてもらえる，かもしれない．

5——物理数学の変遷

これまでに紹介した項目を学習していると，さまざまな場所で**ガウス関数** $g(x) = e^{-\alpha x^2}$ に遭遇する．グラフに描くと，y 軸に対して対称な**釣鐘の形**になっている関数だ．大学の講義や演習では**ガウス積分**

$$\int_{-\infty}^{\infty} g(x)dx = \int_{-\infty}^{\infty} e^{-\alpha x^2} dx = \sqrt{\frac{\pi}{\alpha}} \tag{18}$$

の導出を何度も学ぶ．物理数学はガウス関数に始まりガウス関数に終わる，

いろいろな発展があるものだ．例えば $\alpha=1$ の場合に，$t=x^2$ と置いて**置換積分**してみよう．$dt=2xdx$ を使って計算を進めると

$$\int_{-\infty}^{\infty} e^{-x^2}dx = 2\int_0^{\infty} e^{-x^2}dx = \int_0^{\infty} t^{-\frac{1}{2}}e^{-t}dt \tag{19}$$

となって，$z=\dfrac{1}{2}$ の場合の**ガンマ積分**

$$\Gamma(z) = \int_0^{\infty} t^{z-1}e^{-t}dt \tag{20}$$

へと式変形できる．**ガンマ関数** $\Gamma(z)$ は**三角関数**と深い関係を持っているので，**円周率** π が関係式 $\Gamma\left(\dfrac{1}{2}\right)=\sqrt{\pi}$ に現れるのも不思議ではない．また，z の値が整数 $n \geqq 2$ である場合には $\Gamma(n)=(n-1)!$ と，**階乗**が顔を出す．**統計力学**で**黒体輻射**を学習する際には，これらの知識をもとに計算を進めるうち，**リーマン ゼータ関数** $\zeta(z)$ にも自然と出会う．

高校の数学では**確率分布**の例として，**正規分布**を表す**確率密度関数**

$$f(x) = \frac{1}{\sqrt{2\pi\sigma^2}}\exp\left(-\frac{(x-\mu)^2}{2\sigma^2}\right) \tag{21}$$

を丸暗記させる．ガウス関数が登場する理由は，大学で**中心極限定理**をざっくりと学ぶまでお預けなのだ．**統計と確率**は，量子力学でも統計力学でも，そして物理学実験のデータ整理でも使う大切な数学の道具だ．ただ，**平均値**または**期待値**と，**分散**または**標準偏差**くらいを知っていれば何とかなるので，物理数学の講義に統計と確率は含まれないかもしれない．大学4年生で素粒子実験を始める人は，仮説と検定や**ベイズ統計**に足を踏み入れることだろう．

一般相対性理論を始めとする**重力理論**には，**微分幾何学**が必要だけれども，大抵の大学では習う人が少ないので，物理数学の講義では教えてもらえないだろう．物理学の特定の分野で何らかの数学概念が必要であっても，少数派であれば大学講義としての「物理数

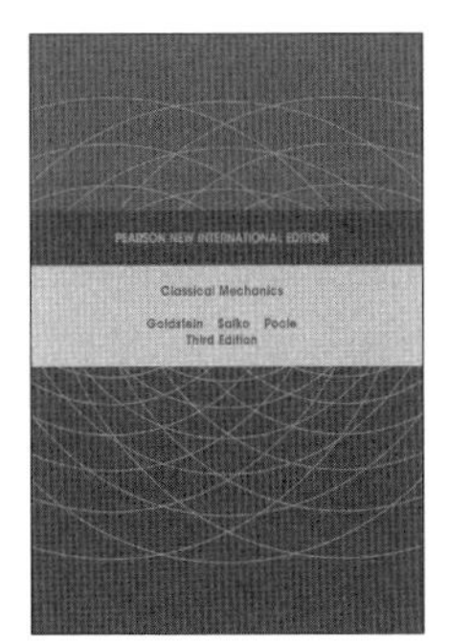

[1] **Classical Mechanics** (3rd Edition)

著／H. Goldstein, J. L. Safko, C. P. Poole Jr
発行所／Pearson
発行日／2013年8月
ページ数／664ページ

学」には含めないわけだ．もっとも，少数派・多数派という区分けは，時代によって変わるものだ．大昔の物理数学は**特殊関数**の学習に重点を置いていたけれども，最近では**プログラミング**など，計算機をうまく活用する技術を物理数学の一部と考える教員も珍しくない．結局のところ，物理数学とは何ですか？という問いかけに対して，答えは“人それぞれ”なのである．

ひとつ，最も大切なことをお伝えしよう．どんなに単純なことのように思えても，自分では理解の及ばない数式に遭遇したときには，周囲の人々や教員へ次々と質問して，納得が行くまで食らいつくのである．志を**限りなく低く**持てば，必ず満足な理解へと到達するだろう．

6 ―お薦めの読み物

物理数学の参考書は何が良いですか？と問われると，ええと，題名に「物理数学」と書いてある冊子を“避ける”ことが大切である，と答える[2)]．それぞれの本の著者が想像する「物理数学」が，並べられているにすぎないか

［1′］**古典力学**
（上）（下） 原著第3版

著／H. ゴールドスタイン，C. P. ポール，J. L. サーフコ
訳／矢野 忠，江沢康生，渕崎員弘
発行所／吉岡書店（物理学叢書）
発行日／（上）2006年6月，（下）2009年3月
判型／A5判
ページ数／（上）485ページ，（下）389ページ
定価／（上）4950円，（下）4620円

［2］**ゼロから学ぶベクトル解析**

著／西野友年
発行所／講談社
発行日／2002年4月
判型／A5判　**ページ数**／216ページ
定価／2750円

2）したがって，この文章もまた「良くない解説」である．

らである．

…というわけで，開き直って，思いつくままに参考書を挙げておこう．まず手に取る本は H. Goldstein, J. L. Safko, C. P. Poole Jr 著 “Classical Mechanics” (3rd Edition, Pearson)［**1**］が良い．洋書の力学教科書ではないか！ と怒られそうだけれども，実はバランス良く必要なときに必要なだけ数学の説明が書いてあり，物理数学の参考書としても実にお薦めなのである．特に，物理学で重要な数学的概念である**変分原理**について，丁寧に解説してある．訳本［**1′**］も入手可能だ．**カオス**について記述してある，珍しい入門書であることにも注目．

［3］**物理学におけるリー代数**
アイソスピンから統一理論へ
(原著第2版)

著／H. ジョージァイ
訳／九後汰一郎
発行所／吉岡書店(物理学叢書)
発行日／2010年10月
判型／A5判　ページ数／330ページ
定価／5060円

ベクトル解析の入門的な参考書としては，完全に手前味噌なのだけれど，拙書の『ゼロから学ぶベクトル解析』(講談社)［**2**］をお薦めしたい．同書の巻末には，もう少し先へと学びたい方へのメッセージも含めておいた．

量子力学を学ぶ前に，少し手応えのある “予習” をしたい方には，ジョージァイ著，九後汰一郎訳，『物理学におけるリー代数』(吉岡書店)［**3**］をお薦めしよう．案外，低学年でも読めるのではないだろうか．紹介したい本は他にもたくさんあるけれども，あとは各自で探してもらうのが，良い方策だろう．

ガロア理論
数学の１つの行動原理の体験ツアー

増岡 彰
●筑波大学数理物質系

天才エヴァリスト・ガロアが19世紀前半20歳に満たずして打ち立てた，ガロア理論に憧れる読者は多いであろう．高校で学んだように，2次方程式 $f(t) = t^2+bt+c = 0$ の解 —— 大学ではこれを多項式 $f(t)$ の**根**と呼ぶ —— は根号を用いた代数的公式で与えられる．3次または4次の多項式に関してもそのような公式が存在するが，5次以上の多項式の根を代数的公式で表すことはできない(**アーベルの定理**)．ガロア理論はこの不可能性の背後にある本質を明らかにした．しかしその最大の貢献は，**ある数学的対象を知るために，その自己同型群から情報を引き出す**，という行動原理を確立した点にあろう．

ガロア理論を代数学教程の最終目標に位置づける大学も多いが，初年級向けの線形代数と群論，環論のごく初歩さえ学んでいれば，それらを応用する格好の教材としてこれに入っていける．しかも，上のような数学全般に行き渡る行動原理を体感・体験できる貴重な題材でもある．その体験ツアーへの案内を試みる．早足の案内ゆえ，厳密でない記述，独自の表記法も含まれる．また未習の用語があっても読み飛ばして，ツアーの雰囲気を感じ取って欲しい．

1 —— ツアーの心得：写像を大切にする

数学において我々は，同種の構造(代数学においては演算)を伴った集合

── 圏論の用語でこれを**対象**(object)と呼ぶ ── をあまねく集め，その総体を知ろうとする．そのためには，個々の対象よりそれらの間の関係が，つまりは対象から対象への構造を保った写像 ── **射**(morphism)と呼ぶ ── が，大切となる．ある1つの対象からそれ自身への射であって逆をもつものが**自己同型**である．射を大切にする精神は線形代数に，もう現れている．実際そこでは，ベクトル空間よりそれらの間の線形写像を大切に思う．線形写像が行列で表現されるため，線形代数とはすなわち行列論なのだから．

本ツアーにおいては射に加え，写像を次のように用いることが大切となる：**数学的事象を可能な限り写像によって捉え，その写像の性質(全射，単射など)の記述をもって定式化する**(次節においてとくにスポット3,4に注目して欲しい)．

ガロア理論における対象は体拡大である．大雑把に言えば，**体**とは四則演算(加減乗除)が自由にできるシステムであって，実数(real number)全体から成る**実数体** $\mathbb{R}$，複素数(complex number)全体から成る**複素数体** $\mathbb{C}$ がその例である．$\mathbb{C}$ における $\mathbb{R}$ のように，体 L の部分集合 K であって(L と同じ演算で)体を成すものを L の**部分体**と呼び，L/K は**体拡大**である，と言い表す．実際には K を固定し，それから見た相対的関係を問題にする(そのため，K **上(の)**，という用語が頻出する)．その問題意識から L を K の**拡大体**と呼ぶ．L' もまた K の拡大体であるとき，考察すべき射 $\sigma\colon L\to L'$ は，K のすべての元を固定(すべての $c\in K$ に対し $\sigma(c)=c$)し，加法と乗法を保つ($\sigma(x+y)=\sigma(x)+\sigma(y)$，$\sigma(xy)=\sigma(x)\sigma(y)$)ような写像[1)]である．これは必ず単射になる．このような σ を K **上(の)準同型**と呼ぶ．これが逆をもつ場合には K **上(の)同型**と呼び，L から L 自身への K 上同型を，体拡大 L/K の**自己同型**(automorphism)と呼ぶ．K 上準同型 $L\to L'$ のすべてから成る集合，また L/K の自己同型すべてから成る集合を，それぞれ

$$\mathrm{Alg}_K(L,L'),\qquad \mathrm{Aut}(L/K) \tag{1}$$

---

1) 必然的に σ は加法逆元と乗法逆元を保つ($\sigma(-x)=-\sigma(x)$，$\sigma(x^{-1})=\sigma(x)^{-1}$)．

で表そう[2]．$\mathrm{Aut}(L/K)$ は合成を演算として**群**を成し，L/K の**自己同型群**と呼ばれる(群の定義を知らずともよい．ここでは体拡大の自己同型群のみを問題にするからで，これが合成という演算をもち，恒等変換 id_L がその演算により相手に変化を与えず，各元が逆をもつことを認識していれば十分である)．L/K がしかるべき条件を満たす場合，これを**ガロア拡大**と呼ぶ[3]．その場合に，$\mathrm{Aut}(L/K)$ の**部分群**——すなわち恒等変換を含み，合成と逆変換で閉じた部分集合——全体と L/K の**中間体**——K を含む L の部分体をこう呼ぶ——全体との間の対応をいうのが**ガロア対応**であって，それがガロア理論の中核にある．それを用いると，体拡大 L/K の様子がその自己同型群 $\mathrm{Aut}(L/K)$ から手に取るようにわかる．それにより，K に係数をもつ多項式が与えられたとき，L をうまく選ぶと $\mathrm{Aut}(L/K)$ から多項式の根の性質がよくわかる，とくにその方法でアーベルの定理の，核心をついた簡明な証明が得られる．

しかしここでは，アーベルの定理までにいたるガロア対応の応用には触れない．本ツアー成功のカギとなるのはむしろ，**多項式の根が体拡大という見かけの異なるものに，さらにはガロア対応に，どのように結びつくのか**．その理解だと思われる．次節でそれを見ていこう．L/K の K は有理数(整数の分数)全体から成る有理数体 $\mathbb{Q}$ に限定し，しかし L の方は欲張って $\mathbb{Q}$ の最大のガロア拡大体を考える．有理数を係数にもつ多項式(上ですでにそうしたように，変数を t とする)のすべてから成る集合を $\mathbb{Q}[t]$ で表す．

2 —— 下見：共役類から体拡大，ガロア対応定理まで

複素数の中で，(0 と異なる)ある有理数係数の多項式 $f(t)$ ($\in \mathbb{Q}[t]$) の根であるようなものを**代数的数**と呼び，そのすべてから成る集合を $\overline{\mathbb{Q}}$ で表す．

---

2) 記号 Alg は，K からの準同型を伴う可換環を K 上の可換**代数(algebra)**と呼ぶことにちなむ．

3) 例えば $\mathbb{C}/\mathbb{R}$ はガロア拡大で，$\mathrm{Aut}(\mathbb{C}/\mathbb{R})$ は恒等変換 $\mathrm{id}_{\mathbb{C}}$ と複素共役写像 $x+yi \mapsto x-yi$ $(x, y \in \mathbb{R})$ から成る．

有理数 a は $t-a\ (\in\mathbb{Q}[t])$ の根だから $a\in\overline{\mathbb{Q}}$ であり，したがって $\mathbb{Q}\subset\overline{\mathbb{Q}}$ $(\subset\mathbb{C})$ が成り立つ[4]．代数的数 a を1つ選ぶ．定義からある $(0\neq)\ f(t)\in\mathbb{Q}[t]$ について $f(a)=0$ が成り立つ．これを満たす多項式のうち $\mathbb{Q}$ 上**既約**であって——すなわち，それより低次の有理数係数の多項式の積に分解不可能で——(下の $\phi(t)$ のように)最高次の係数が1であるものはただ1つに決まる．それを a の($\mathbb{Q}$ 上の)**最小多項式**と呼ぶ．

いま，既約多項式(次数を $n\ (>0)$ とする)

$$\phi(t)=t^n+c_1t^{n-1}+c_2t^{n-2}+\cdots+c_n,\qquad c_i\in\mathbb{Q} \tag{2}$$

を1つ選ぶ．一般的事実として，これは重根をもたず，したがって $\mathbb{C}$ のうちに(実際，$\overline{\mathbb{Q}}$ のうちに)，相異なる n 個の根をもつ．そのすべてを次のように表そう．

$$\mathrm{Class}(\phi(t))=\{a_1,a_2,\cdots,a_n\} \tag{3}$$

これらの代数的数 $a_1,a_2,\cdots,a_n$ は，$\phi(t)$ を最小多項式として共有するという関係——その関係を，これらの数が互いに($\mathbb{Q}$ 上)**共役**である，と言い表す——で結びついた1つのクラスを成す．このようなクラスを($\mathbb{Q}$ 上)**共役類**と呼ぶ．

例● (i) $\phi(t)=t^2+1$ は $\mathbb{Q}$ 上既約で，$\mathrm{Class}(\phi(t))=\{i,-i\}$．ここに，$i$ は虚数単位を表す．

(ii) $\phi(t)=t^3-2$ は $\mathbb{Q}$ 上既約で，$\mathrm{Class}(\phi(t))=\{\sqrt[3]{2},\sqrt[3]{2}\omega,\sqrt[3]{2}\omega^2\}$．ここに $\omega=\dfrac{-1+\sqrt{3}i}{2}$ は1の原始3乗根(の1つ)を表す．

さて，$\overline{\mathbb{Q}}$ は $\mathbb{C}$ の部分体であり，$\mathbb{Q}$ を部分体として含む．すなわち $\overline{\mathbb{Q}}$ は体拡大 $\mathbb{C}/\mathbb{Q}$ の中間体である．$\overline{\mathbb{Q}}/\mathbb{Q}$ の中間体に目を向けよう．代数的数 a を選んで，a を変数と見立てた有理数係数多項式——すなわち多項式 $f(t)\in\mathbb{Q}[t]$ の t に a を代入した $f(a)$ の形の代数的数——のすべてから成る $\overline{\mathbb{Q}}$ の部分集合を

$$\mathbb{Q}(a)=\{f(a)\,|\,f(t)\in\mathbb{Q}[t]\}$$

4) 代数的数でない複素数(例えば，円周率 π や自然対数の底 e)を**超越数**と呼ぶ．

で表す．これは $\overline{\mathbb{Q}}/\mathbb{Q}$ の中間体[5]であって，$\mathbb{Q}$ 上**有限次**── その意味は，$\overline{\mathbb{Q}}$ をその加法と $\mathbb{Q}$ をスカラー域と見たスカラー乗法によってベクトル空間と見る，そのとき有限次元であるということ──である．

例●(i) $\mathbb{R}$ から $\mathbb{C}$ を構成した[6]ように，$\mathbb{Q}$ から $\mathbb{Q}(i)$ が構成できるから，$\mathbb{Q}(i)$ が $\overline{\mathbb{Q}}/\mathbb{Q}$ の中間体であることが見て取れる．i の多項式 $f(i)$ において i^2 が -1 に(したがって $i^3, i^4, \cdots$ がそれぞれ $-i, 1, \cdots$ に)置き換えられるから，$f(i)$ は $a+bi\ (a, b \in \mathbb{Q})$ の形に一通りに表される．すなわち $\mathbb{Q}(i)$ は $1, i$ を基底にもち，$\mathbb{Q}$ 上 2 次元である．この議論において，i を $-i$ に替えても──つまり i をラベルと思って $-i$ に貼り替えても──同じ結果が得られる．

(ii) $\mathbb{Q}(\sqrt[3]{2})$ は $\overline{\mathbb{Q}}/\mathbb{Q}$ の中間体で，$1, \sqrt[3]{2}, (\sqrt[3]{2})^2$ を基底にもち，$\mathbb{Q}$ 上 3 次元である($f(\sqrt[3]{2})$ において $(\sqrt[3]{2})^3$ が 2 に置き換えられる)．ここで，$\sqrt[3]{2}$ を $\sqrt[3]{2}\omega$ (または $\sqrt[3]{2}\omega^2$)に替えても同じ結果が得られる．

いま a の最小多項式が(2)に与えた $\phi(t)$ であるとすれば，$f(a)$ において a^n を $-c_1a^{n-1}-c_2a^{n-2}-\cdots-c_n$ に置き換えることができるから，$\mathbb{Q}(a)$ は $1, a, \cdots, a^{n-1}$ を基底にもち，$\mathbb{Q}$ 上 n 次元である．

ここからガロア対応定理にいたる(1 つの)コースを，以下に示そう．

スポット 1 ●上の $\mathbb{Q}(a)$ のように，$\overline{\mathbb{Q}}/\mathbb{Q}$ の中間体で $\mathbb{Q}$ 上有限次であるものを，$\mathbb{Q}$ の**有限次拡大体**と呼ぼう．重要な事実として，$\mathbb{Q}$ の有限次拡大体は $\mathbb{Q}(a)$ の形(ここに $a \in \overline{\mathbb{Q}}$)をしたものに限る(**原始元定理**)．

---

5) 各元 $(0 \neq)\ x \in \mathbb{Q}(a)$ の逆元 x^{-1} が $\mathbb{Q}(a)$ に属すのを示すのに，ユークリッド互除法(の根拠となる，$\mathbb{Q}[t]$ が単項イデアル整域であるという事実)を用いる．

6) 複素数を，実数を係数にもつ変数 i の多項式のように思ってよい．その際，また四則演算においては，i^2 を -1 に置き換える(計算の途中であろうが，いつでも置き換えてよい)．

スポット 2 ●$\mathbb{Q}(a)$ の構成において，a をそれと共役な b に置き換えても本質的に同じ体が得られる．より正確に，$\mathbb{Q}(a)$ の元 $f(a)$ に $\mathbb{Q}(b)$ の元 $f(b)$（ここに $f(t) \in \mathbb{Q}[t]$）を対応させる —— a をラベルと思い b に貼り替える（relabel）—— 写像

$$\mathrm{relb}_{a,b} : \mathbb{Q}(a) \to \mathbb{Q}(b), \qquad \mathrm{relb}_{a,b}(f(a)) = f(b)$$

は $\mathbb{Q}$ **上同型**である．この同型が示すように，互いに共役な元は $\mathbb{Q}$ から見るとまったく同等で，代数的には区別ができない．

スポット 3 ●M を $\mathbb{Q}$ の有限次拡大体とする．スポット 1 で見たように，これは $M = \mathbb{Q}(a)$ の形（ここに $a \in \overline{\mathbb{Q}}$）をしている．上の $\mathrm{relb}_{a,b}$（の値域を $\overline{\mathbb{Q}}$ と見たもの）は $\mathbb{Q}$ 上準同型 $M = \mathbb{Q}(a) \to \overline{\mathbb{Q}}$ である．すなわち，$\mathrm{relb}_{a,b}$ は集合 $\mathrm{Alg}_{\mathbb{Q}}(M, \overline{\mathbb{Q}})$ に属す（式(1)を見よ）．逆に $\tau \in \mathrm{Alg}_{\mathbb{Q}}(M, \overline{\mathbb{Q}})$ とすると，$\tau(a)$ は a と共役であって，$\tau = \mathrm{relb}_{a,\tau(a)}$ となる．a の $\mathbb{Q}$ 上最小多項式を $\phi(t)$ とすると，各 τ にそれの a での値 $\tau(a)$ を対応させる写像

$$a\text{での値をとる} : \mathrm{Alg}_{\mathbb{Q}}(M, \overline{\mathbb{Q}}) \to \mathrm{Class}(\phi), \qquad \tau \mapsto \tau(a) \tag{4}$$

が全単射であることが従う．こうして共役類が $\mathrm{Alg}_{\mathbb{Q}}(M, \overline{\mathbb{Q}})$ により記述される．

スポット 4 ●記号の簡略化として，$G_{\mathbb{Q}} = \mathrm{Aut}(\overline{\mathbb{Q}}/\mathbb{Q})$ で $\overline{\mathbb{Q}}/\mathbb{Q}$ の自己同型群を表そう（式(1)を見よ）．上の状況で，$\mathbb{Q}$ 上準同型 $M \to \overline{\mathbb{Q}}$ はどれも，$\overline{\mathbb{Q}}/\mathbb{Q}$ の自己同型に延長できる．換言すれば，$\overline{\mathbb{Q}}/\mathbb{Q}$ の自己同型 σ のそれぞれに，その定義域を M に制限（restrict）した $\sigma|_M$ を対応させる写像

$$\mathrm{res}_M : G_{\mathbb{Q}} \to \mathrm{Alg}_{\mathbb{Q}}(M, \overline{\mathbb{Q}}), \qquad \mathrm{res}_M(\sigma) = \sigma|_M$$

は全射である．

スポット 5 ●上の全射 res_M は

$$\mathrm{res}_M(\sigma \circ \tau) = \sigma \circ \mathrm{res}_M(\tau), \qquad \sigma, \tau \in G_{\mathbb{Q}}$$

を満たす[7]．群 $G_{\mathbb{Q}}$ の単位元は $\overline{\mathbb{Q}}$ の恒等変換 $\mathrm{id}_{\overline{\mathbb{Q}}}$ であり，それの res_M による像 $\mathrm{res}_M(\mathrm{id}_{\overline{\mathbb{Q}}})$ は M の恒等変換 id_M である．この id_M の**固定群** —— すなわち $\sigma \circ \mathrm{id}_M = \mathrm{id}_M$ を満たすようなすべての σ から成る $G_{\mathbb{Q}}$ の部分群 —— は，体拡

大 $\overline{\mathbb{Q}}/M$ の自己同型群 $G_M = \mathrm{Aut}(\overline{\mathbb{Q}}/M)$ と一致することが見て取れる．群論の初歩により，全射 res_M から，群 $G_{\mathbb{Q}}$ の部分群 G_M による左剰余類全体の集合 $G_{\mathbb{Q}}/G_M$ から $\mathrm{Alg}_{\mathbb{Q}}(M, \overline{\mathbb{Q}})$ への全単射

$$G_{\mathbb{Q}}/G_M \xrightarrow{\simeq} \mathrm{Alg}_{\mathbb{Q}}(M, \overline{\mathbb{Q}}), \qquad \sigma G_M \mapsto \mathrm{res}_M(\sigma) \tag{5}$$

が引き起こされる．こうして有限次体拡大 $M/\mathbb{Q}$ に対応して，指数が有限（全単射(4)により，$\phi(t)$ の次数に等しい）の $G_{\mathbb{Q}}$ の部分群 G_M が得られた．ここで幾何学の初等的概念を用いると，$G_{\mathbb{Q}}$ は実は（クルルの）位相を伴った**位相群**であって，G_M はその閉部分群である．さらには，対応 $M \mapsto G_M$ が全単射

$$\left(\begin{array}{c}\mathbb{Q}\text{の有限次拡大体}\\\text{全体の集合}\end{array}\right) \xrightarrow{\simeq} \left(\begin{array}{c}G_{\mathbb{Q}}\text{の有限指数の閉部分群}\\\text{全体の集合}\end{array}\right) \tag{6}$$

を与える（**ガロア対応定理 I**）．

スポット 6●再び $M = \mathbb{Q}(a)$ とし（$a \in \overline{\mathbb{Q}}$），$a$ を含む共役類が(3)で与えられている，ただし $a = a_1$，とすると，$(M=)\mathbb{Q}(a_1), \mathbb{Q}(a_2), \cdots, \mathbb{Q}(a_d)$ のうちには，同一のものがあり得る．前の例でいうと，$\mathbb{Q}(i) = \mathbb{Q}(-i)$ であり，一方 $\mathbb{Q}(\sqrt[3]{2}), \mathbb{Q}(\sqrt[3]{2}\omega), \mathbb{Q}(\sqrt[3]{2}\omega^2)$ の 3 つは相異なる．第 1 の例のように $(M=)$ $\mathbb{Q}(a_1) = \mathbb{Q}(a_2) = \cdots = \mathbb{Q}(a_d)$ が成り立つ場合，$M/\mathbb{Q}$ は**ガロア拡大**であるという．この場合，$\mathbb{Q}$ 上準同型 $M \to \overline{\mathbb{Q}}$ はどれも M を像とし，したがって $M/\mathbb{Q}$ の自己同型であるから

$$\mathrm{Aut}(M/\mathbb{Q}) = \mathrm{Alg}_{\mathbb{Q}}(M, \overline{\mathbb{Q}}) \tag{7}$$

が成り立つ．さらに res_M は群の全射準同型 $G_{\mathbb{Q}} \to \mathrm{Aut}(M/\mathbb{Q})$ となり，その核として G_M は $G_{\mathbb{Q}}$ の正規部分群で，全単射(6)は群の同型 $G_{\mathbb{Q}}/G_M \xrightarrow{\simeq}$ $\mathrm{Aut}(M/\mathbb{Q})$ となる．結論として，全単射(6)の定義域と値域を制限して，全単射

$$\left(\begin{array}{c}\mathbb{Q}\text{の有限次ガロア拡大体}\\\text{全体の集合}\end{array}\right) \xrightarrow{\simeq} \left(\begin{array}{c}G_{\mathbb{Q}}\text{の有限指数の正規閉部分群}\\\text{全体の集合}\end{array}\right) \tag{8}$$

7）より正確には，$G_{\mathbb{Q}}$-**集合**の間の $G_{\mathbb{Q}}$-作用を保つ全射である．

が得られる(**ガロア対応定理 II**).

最終スポット●$\overline{\mathbb{Q}}/\mathbb{Q}$ の($\mathbb{Q}$ 上有限次とは限らない)中間体を $\mathbb{Q}$ の**代数的拡大体**という．その中でとくに等式(7)が成り立つようなものを，$\mathbb{Q}$ の**ガロア拡大体**という．$\overline{\mathbb{Q}}$ は $\mathbb{Q}$ の最大のガロア拡大体である．($\mathbb{Q}$ 上の)ガロア対応定理の完成形として，全単射(6)は，下線部の「有限次」を「代数的」に替え，下波線部の「有限指数の」を削除して得られる2つの集合の間の全単射へと延長される．全単射(8)は，下波線部の「有限次」と「有限指数の」をともに削除して得られる2つの集合の間の全単射へと延長される．いずれの全単射についてもその逆写像は，それぞれに応じた条件を満たす $G_{\mathbb{Q}}$ の部分群 H に，その**不変体**，すなわち

$$\overline{\mathbb{Q}}^H = \{x \in \overline{\mathbb{Q}} \mid \text{すべての } \sigma \in H \text{ に対し } \sigma(x) = x\}$$

を対応させる写像である．

3 ― ツアーのあと：ガロアの示唆に沿って

以上のような見方をすると，ガロアが真に示唆するところは次であるように思える：**一連の対象たち**(上でいうと，$\mathbb{Q}$ の代数的拡大体のすべて)**を知るためには，その中から普遍的な対象を1つ**($\mathbb{Q}$ の最大のガロア拡大体 $\overline{\mathbb{Q}}$)**選んでみよ．その自己同型群がすべて**

[1] **ガロワと方程式**

著／草場公邦
発行所／朝倉書店(すうがくぶっくす)
発行日／1989年7月
判型／A5変型判　ページ数／192ページ
定価／3630円

[2] **代数方程式とガロア理論**

著／中島匠一
発行所／共立出版
(共立叢書 現代数学の潮流)
発行日／2006年7月
判型／A5判　ページ数／444ページ
定価／4400円

を教えてくれることがある.

この示唆に沿った理論が，大学の幾何学教程の中にもある．通常，位相空間論に続いて学ぶ，**基本群**と**被覆**の理論がそれである．概要を述べよう．弧状連結性を含むいくつかのよい性質をもつ位相空間 X を１つ固定する．X の**被覆**とは，連結な位相空間 Y としかるべき条件を満たす連続な全射 $p\colon Y \to X$ のペア (Y, p) のことをいう．その中で，X の**普遍被覆**と呼ばれる特別な被覆 $(\widetilde{X}, q)$ が存在し，その自己同型群は X の基本群 $\pi_1(X)$ と自然に同一視される．このとき，さまざまに存在する X の被覆のそれぞれが，$\pi_1(X)$ の適当な部分群 H の作用による $(\widetilde{X}, q)$ の商 $(\widetilde{X}, q)/H$ に同型であることが示される．その結果，X の被覆の同型類全体と $\pi_1(X)$ の部分群の共役類全体との間の（**ガロア対応**と呼べる）１対１対応が得られる．視覚化できる位相空間を論じるこの理論は，**眼で見るガロア理論**としばしば呼ばれ，とくに**リーマン面**の理論（進んだ解析学教程に含まれることが多い）において見事に応用される．

自己同型群を信じるガロアの精神は，数学のさまざまなところで生きている．

［3］**有限体と代数曲線**

著／諏訪紀幸
発行所／朝倉書店（現代数学基礎）
発行日／2021年11月
判型／A5判　ページ数／244ページ
定価／4400円

［4］**可換体論**（新版）

著／永田雅宜
発行所／裳華房（数学選書）
発行日／1985年3月
判型／A5判　ページ数／282ページ
定価／4950円

4——ツアーのガイドに：本の紹介

ガロア理論を学ぶために，線形代数に慣れた，例えば大学１年生の夏休み頃に読み始める本として，丁寧に書かれた［**1**］,［**2**］を勧める．どちらも読者に理論のアイデアが伝わるように書かれている．群論の初歩を学んだあとであれば，［**3**］を読むと可換環論の初歩からガロア理論を含む体論を通って代数幾何学の初歩にまで到達できる．ぐっと専門的になるが，［**4**］はガロア理論のみならず，代数幾何学や数論で必要となる体論を広く論じた，世界的に見ても貴重な文献である．ところでガロアの精神は，いまなお活発な研究が続く**微分方程式のガロア理論**にも受け継がれている．［**5**］は集合と写像から始まり，位相空間論と群論の初歩，前節で触れた眼で見るガロア理論，はてはフックス型線形微分方程式のガロア理論まで語る．高度な内容を含みながら，軽妙な語り口調で粋に読者を引っ張る，全理工系大学生に向けて入学直後からお勧めできる名著である（［**5**］は，日本評論社から出版された書籍（1968 年）の文庫化）．

［5］**ガロアの夢**
群論と微分方程式
著／久賀道郎
発行所／筑摩書房（ちくま学芸文庫）
発行日／2023年12月
判型／文庫判　ページ数／272ページ
定価／1320円

ツアーの案内はここで終わる．以上はあくまで筆者の捉え方である．読者がこのツアーに参加したとき，目に映る景色をどのように捉えるだろうか．

測度とルベーグ積分

斎藤新悟
●九州大学基幹教育院

測度とは，例えば面積・体積・確率のように，「領域をいくつかの小領域に分割すると，もとの領域の値と小領域の値の和が一致する」ような概念の厳密化・一般化です．測度が定義された空間上の関数にはルベーグ積分と呼ばれる積分を定義することができ，測度やルベーグ積分に関する理論を測度論と呼びます．

1 ―測度論とは

この節では，高校や大学初年級で学ぶ数学と測度論とのつながりを通して，測度論がおおよそどのような分野なのかを説明します．

1.1●面積・体積

面積・体積は小学校でも学ぶ親しみのある概念であり，素朴にはどんな平面図形・立体図形にも面積・体積が定まっていると感じられます．しかし，バナッハ-タルスキーの逆理と呼ばれる定理によると，球体をいくつかに分割して組み替えることで，もとと同じ大きさの球体を2つ作ることが可能です．この事実は素朴な体積の概念とは明らかに矛盾するので，体積とは何であるかを真剣に考える必要があることが分かります．

ユークリッド空間 $\mathbb{R}^n$ 上の**ルベーグ測度**の概念は，長さ $(n=1)$・面積

$(n=2)$・体積 $(n=3)$ の厳密な定式化として標準的なものです．重要なポイントは，ルベーグ測度は $\mathbb{R}^n$ のすべての部分集合に対して定義されているわけではなく，**ルベーグ可測**であるような部分集合に対してのみ定義されているという点です．バナッハ-タルスキーの逆理で現れる部分集合はルベーグ可測ではないので，矛盾は生じないということになります(ただし，通常考えられるような部分集合はすべてルベーグ可測であり，大まかにいって，ルベーグ可測でない部分集合は選択公理を用いて超越的に構成されるようなものに限ります)．

ルベーグ可測であるような $\mathbb{R}^n$ の部分集合全体の集合を $\mathscr{L}$ と書くと，

- $\emptyset \in \mathscr{L}$,
- $E \in \mathscr{L}$ ならば $E^c \in \mathscr{L}$,
- $E_1, E_2, \cdots \in \mathscr{L}$ ならば $\bigcup_{n=1}^{\infty} E_n \in \mathscr{L}$

が成立します．このことを，$\mathscr{L}$ は $\mathbb{R}^n$ 上の σ **加法族**(σ 代数，可算加法族，完全加法族，σ 集合体)であるといいます．また，ルベーグ測度を m と書くと，$m: \mathscr{L} \to [0, \infty]$ であり(長さ・面積・体積はつねに 0 以上であり，$\mathbb{R}^n$ 自身のように長さ・面積・体積が ∞ であると考えるのが自然な図形もあるので，m の終域は $[0, \infty] = \{x \in \mathbb{R} \mid x \geqq 0\} \cup \{\infty\}$ と考えます)，

- $m(\emptyset) = 0$,
- $E_1, E_2, \cdots \in \mathscr{L}$, $E_i \cap E_j = \emptyset\ (i \neq j)$ ならば $m\left(\bigcup_{n=1}^{\infty} E_n\right) = \sum_{n=1}^{\infty} m(E_n)$

が成立します．このことを，m は $(\mathbb{R}^n, \mathscr{L})$ 上の**測度**であるといいます．

より一般に，集合 X，X 上の σ 加法族 $\mathscr{M}$，$(X, \mathscr{M})$ 上の測度 μ の組 $(X, \mathscr{M}, \mu)$ を**測度空間**と呼びます．

1.2●積分

積分 $\int_a^b f(x)dx$ は，高校では $F'(x) = f(x)$ を満たす関数 F を用いて $F(b) - F(a)$ と定義されました．また，大学でリーマン積分の定義について

学んだ人もいるかもしれません．しかし解析学で現れる関数には，これらの定義では積分を定義できないようなものもあります．例えば，有理数で1をとり，無理数で0をとる関数$\chi_{\mathbb{Q}}$は，これらの定義では積分を定義できないことが知られています．

ルベーグ測度を用いて定義される**ルベーグ積分**は，$\mathbb{R}^n$（およびその部分集合）上での積分概念として標準的なもので，$\chi_{\mathbb{Q}}$のような関数の積分も定義でき，極限操作とも相性がよいものです．

より一般に，$(X, \mathcal{M}, \mu)$が測度空間のとき，$f: X \to \mathbb{R}$（のうち適切な条件を満たすもの）に対してルベーグ積分$\int_X f(x) d\mu(x)$を定義することができます．

1.3●確率

面積・体積と同様に，測度論と密接な関係があり，小学校でも学ぶ概念として確率があります．高等学校の「数学A」では，起こりうる場合全体の集合をΩとすると，事象$A \subset \Omega$に対して確率$P(A)$が定まっているという，集合を用いた確率の定式化を学びました．高校まではΩが有限集合の場合しか考えませんでしたが，Ωが$[0,1]$のような(非可算)無限集合の場合も，例えば「Ωからランダムに選んだ数が$\frac{1}{2}$以下である確率は$\frac{1}{2}$」になるように確率を考えたいというのは自然なことです．これは明らかに区間$\left[0, \frac{1}{2}\right]$の長さが$\frac{1}{2}$であることとと関係があるので，測度と確率に関係がありそうなことが分かります．

現代の確率論では，全測度が1であるような測度空間を**確率空間**と呼び，理論展開は確率空間を基礎としてなされるのが一般的です．このとき，ルベーグ積分は期待値という意味を持ちます．

2──本の紹介

2.1●本の選び方

測度論の本は数多く出版されていますので，原則としては書店や図書館で何冊かを見比べてみて，自分に合ったものを選ぶのがよいと思います．測度論で扱われるトピックは数多くあります(David Fremlin 氏による『Measure Theory』というタイトルの本[1]は全5巻で，合計3000ページ以上あります)ので，本によって扱っているトピックには差がありますが，

(Leb) ℝ上のルベーグ測度の構成

(Int) ℝ(あるいは測度空間)におけるルベーグ積分の定義と収束定理

については，ほとんどすべての本で扱われていると考えられます．ただし，本によって(Leb)，(Int)を扱う順序が異なったり，ルベーグ可測性などの重要な概念の定義が大きく異なったりします(最終的にはすべて同値であることが分かりますが)．自分の好みのものを選んでも構いませんが，測度論の講義を受ける機会のある方が補助的に参照する本を選ぶ場合は，講義での議論の進め方や定義と一致した本を選んだ方が学習を進めやすいとは思います．

また，確率論が主題の本にも測度論の章が設けられていることがあるので，確率論の本で測度論も学ぶことができる場合があります．

2.2●初学者に薦める本

ここでは，初学者に薦める本として[**1**]，[**2**]，[**3**]の3冊を挙げておきます．

[**1**]はもともと1965年に培風館から刊行された書籍の文庫版で，文章はやや古風ですが，読みにくいほどではないように思います．測度論の議論を進めるにあたって必要な集合・位相に関する知識がⅡ章にまとめられており，「ただ一つしか元をもたない集合とい

[1] **ルベグ積分入門**

著／吉田洋一
発行所／筑摩書房(ちくま学芸文庫)
発行日／2015年8月
判型／文庫判　ページ数／384ページ
定価／1430円

1）https://www1.essex.ac.uk/maths/people/fremlin/mt.htm

[**2**] テレンス・タオ
ルベーグ積分入門

著／T. タオ
監訳／舟木直久　訳／乙部厳己
発行所／朝倉書店
発行日／2016年12月
判型／A5判　ページ数／264ページ
定価／4400円

[**3**] [新装版] **ルベーグ積分入門**
使うための理論と演習

著／吉田伸生
発行所／日本評論社
発行日／2021年3月
判型／A5判　ページ数／312ページ
定価／3960円

うと変に聞こえるが，こういうものも集合として扱う方が便利なのである」（II章§1）といった記述もあるので，大学での数学の学習にあまり慣れていない方にもお薦めです．また，付録にはさまざまな反例が挙げられています．(Leb)→(Int)の順で議論が進みます．$E \subset \mathbb{R}$がルベーグ可測であることの定義は，$A \subset E$, $B \subset E^c$ ならば $m^*(A \cup B) = m^*(A) + m^*(B)$ が成立することです(III章§6)．ただし，m^* はルベーグ外測度を表しています．

[**2**]は，フィールズ賞受賞者であるテレンス・タオ氏の著書の邦訳で，2.1節の「問題の解き方」が非常に参考になります．なお，原著の暫定版のPDFファイルは著者のウェブサイトから無料でダウンロードできます[2]．また，原啓介氏による書評[3]もご参照ください．(Leb)→(Int)の順で議論が進みます．$E \subset \mathbb{R}$がルベーグ可測であることの定義は，任意の$\varepsilon > 0$に対して$U \supset E$を満たすある開集合$U \subset \mathbb{R}$が存在して$m^*(U \backslash E) \leqq \varepsilon$が成立することです(定義1.2.2)．

[**3**]では，「読者諸氏がルベーグ積分という言語に慣れ，技術として実際に

2）https://terrytao.files.wordpress.com/2012/12/gsm-126-tao5-measure-book.pdf
3）https://mathsoc.jp/publication/tushin/2301/2301hara.pdf

使えるようになることを本書の目標とする」(まえがき)と書かれており，それを実現するための方法として，(Int)→(Leb)の順で議論が進みます．ルベーグ測度はボレル集合上のルベーグ測度の完備化として定義されています(定義 3.2.1)．

3—キーポイント

本節では，測度論で現れる証明を学ぶ際につまづきやすいポイントをいくつか挙げます．いくつかは，[**2**]の 2.1 節「問題の解き方」でも挙げられているものです．

3.1●集合族の取り扱い

集合 X 上の σ 加法族は X の部分集合を元とする集合でした．このように，測度論では集合を元とする集合(**集合族**と呼ばれます)を扱うことがしばしばあり，ときには集合族を元とする集合を扱うこともあります．

集合族を取り扱う際には，部分集合と元の違いが分かりづらくなることがあるので，正確に区別することが重要です．また，「含まれる」という日本語は，部分集合を表すときにも元を表すときにも使われることがあるので注意が必要です．

ディンキン族定理(π-λ 定理)と呼ばれる定理は，集合族の取り扱いの習熟度を確かめる試金石としてもってこいです．この定理は測度論でしばしば補題として使われますが，主張や証明には測度論の知識は一切必要ないので，よろしければ一度証明を追ってみてください．

3.2●可算集合と非可算集合

測度論では，可算集合と非可算集合(不可算集合と呼ぶ人もいます)の区別が重要な役割を果たします．例えば，Λ が可算集合のとき(例えば Λ が $\mathbb{N}, \mathbb{Z}, \mathbb{Q}, \mathbb{N}\times\mathbb{N}$ のとき)は，各 $\lambda\in\Lambda$ に対して $E_\lambda\subset\mathbb{R}$ がルベーグ可測ならば $\bigcup_{\lambda\in\Lambda}E_\lambda$ もルベーグ可測になりますが，Λ が非可算集合のとき(例えば Λ が $\mathbb{R}$ のとき)は必ずしもそうとは限りません．

また，非可算集合である $\mathbb{R}$ が，可算集合である $\mathbb{Q}$ を稠密な部分集合として持つことが頻繁に利用されます．例えば，$f, g \colon \mathbb{R} \to \mathbb{R}$ に対して，

$$\{x \in \mathbb{R} \mid f(x) > 0\} = \bigcup_{n=1}^{\infty} \left\{ x \in \mathbb{R} \,\middle|\, f(x) \geq \frac{1}{n} \right\},$$

$$\{x \in \mathbb{R} \mid f(x) < g(x)\} = \bigcup_{q \in \mathbb{Q}} \{x \in \mathbb{R} \mid f(x) < q < g(x)\}$$

と変形できることを確認しておきましょう．

3.3●無限大の計算

測度論では，無限大 ∞ や負の無限大 $-\infty$ を数のようにみなして演算や順序関係を定めることがよくあります．極限の計算などから類推して，例えば $\infty+1=\infty$，$2\cdot(-\infty)=-\infty$，$3<\infty$ と定義し，$\infty-\infty$ は定義しないことは容易に納得できるでしょう．ただし，測度論では $0\cdot\infty=0$ と定義するのが一般的であることには注意が必要です．これは，縦の長さが 0 で横の長さが ∞ であるような長方形の面積は積分 $\int_{\mathbb{R}} 0\,dx$ であると考えられ，この積分の値は 0 と定義するのが自然なことから納得できます．

3.4●ボレル集合

集合 X に位相が与えられているとき，X のすべての開集合を元に持つ σ 加法族のうち最小のものが存在し(ここではこの σ 加法族を $\mathscr{B}$ と書くことにします)，$\mathscr{B}$ の元を**ボレル集合**と呼びます．

私は測度論を学び始めたころ，「可算個の開集合の共通部分で書ける集合全体の集合を $\mathscr{A}_1$ とし，可算個の $\mathscr{A}_1$ の元の和集合で書ける集合全体の集合を $\mathscr{A}_2$ とし，可算個の $\mathscr{A}_2$ の元の共通部分で書ける集合全体の集合を $\mathscr{A}_3$ とし，……と定義していくと $\mathscr{B}=\bigcup_{n=1}^{\infty}\mathscr{A}_n$ が成立する」と思っていましたが，これは一般には正しくありません(簡単にいうと，各 n に対して $A_n \in \mathscr{A}_n$ をとると，$\bigcup_{n=1}^{\infty} A_n \in \bigcup_{n=1}^{\infty}\mathscr{A}_n$ とは限らないからです．興味のある方は，ボレル階層というキーワードで調べてみてください)．

このような事情から，「ボレル集合は□□の条件を満たす集合」，「ボレル集合は××と書ける集合」というような特徴づけを与えるのが難しく，ボレル集合に関する命題を証明するときには次のようなテクニックがよく使われま

す.「任意のボレル集合 B に対して○○が成立する」という命題を証明するときは，○○が成立するような(ボレルとは限らない)集合全体の集合を $\mathscr{A}$ とおき，

- 任意の開集合が $\mathscr{A}$ に属すること(すなわち任意の開集合に対して○○が成立すること)，
- $\mathscr{A}$ が σ 加法族であること

を証明すると，$\mathscr{B} \subset \mathscr{A}$ から所望の命題を得ることができます．自分ではなかなか思いつきにくいテクニックだと思いますので，少しずつマスターしていってください．

3.5●等式は2つの不等式

2つの実数 A, B に対する等式 $A = B$ を証明する際に，

$$A = C = D = \cdots = B$$

のように等式のまま変形するのではなく，$A \leqq B$ と $B \leqq A$ の2つの不等式を証明することがしばしばあります(これは，2つの集合 X, Y に対する等式 $X = Y$ を証明する際に $X \subset Y$ と $Y \subset X$ の2つの包含関係を証明することと似ています)．このうち一方は容易で，もう一方は次項で説明する「味方の ε 論法」を使うこともよくあります．

なお，このポイントは[**2**]で「等式を不等式に分けて考えよう」(Split up equalities into inequalities)と表現されています．

3.6●味方の ε 論法

2つの実数 A, B に対する不等式 $A \leqq B$ を証明する際に，任意の $\varepsilon > 0$ に対して $A \leqq B+\varepsilon$ であることを証明するという手法がしばしば用いられます．所望の不等式 $A \leqq B$ の証明を，より弱い不等式 $A \leqq B+\varepsilon$ の証明に帰着できるので，私はこのような ε を「味方の ε」と呼んでいます(私の造語ではなく，学生時代に誰かから聞いた記憶があります)．これに対して，例えば関数の連続性を示すときの ε は，δ で倒すべき「敵の ε」といえます．

なお，このポイントは[**2**]で「イプシロンの余地をもらおう」(Give yourself an epsilon of room)と表現されています．

3.7 ● $\frac{\varepsilon}{2^n}$ 論法

$\lim_{n\to\infty} a_n = \alpha$，$\lim_{n\to\infty} b_n = \beta$ ならば $\lim_{n\to\infty}(a_n+b_n) = \alpha+\beta$ であることの証明を学んだ方は，

$$\begin{aligned}|(a_n+b_n)-(\alpha+\beta)| &\leqq |a_n-\alpha|+|b_n-\beta| \\ &< \frac{\varepsilon}{2}+\frac{\varepsilon}{2} = \varepsilon\end{aligned}$$

という式変形があったのを覚えているでしょうか．2行目を

$$< \varepsilon+\varepsilon = 2\varepsilon$$

のように習った方もいるかもしれません．

この変形は「小さい量を2個足しても小さい」と表現できますが，測度論では「小さい量を可算無限個足しても小さい」ことを用いる場面が出てきます．このときに，

$$< \varepsilon+\varepsilon+\varepsilon+\cdots$$

としてしまうと無限大になってしまうのでうまくいきませんが，

$$< \frac{\varepsilon}{2}+\frac{\varepsilon}{4}+\frac{\varepsilon}{8}+\cdots = \varepsilon$$

とするとうまくいきます．私はこの論法を $\frac{\varepsilon}{2^n}$ 論法と呼んでいます(おそらく私の造語です)．

ただし，ここで使った「小さい」という表現には注意が必要で，どのくらい小さくなるかはパラメータ(冒頭の例だと n)がどれくらい大きい／小さいかに依存するので，込み入った議論を行うときは，どの順番でパラメータが定まっていくのかにしっかりと注意する必要があります(イプシロン・デルタ論法では「タイミング」が肝要)．

なお，このポイントは[**2**]で「ゼノンのパラドックスを活用しよう：イプシロンは可算無限個の小イプシロンに分割できる」(Exploit Zeno's paradox: a single epsilon can be cut up into countably many sub-epsilons)と表現されています．

4 ―おわりに

測度論は複雑な議論が必要になることも多いですが，その分理解できると達成感が大きいので，私は大好きです．みなさんも測度論の学習を楽しんでいただければ幸いです．

曲線・曲面・多様体
現代幾何学の入り口

藤岡 敦

●関西大学システム理工学部

多様体

幾何学は図形に関わる概念を扱う数学の一分野です．三角形や円といった図形については，誰もが子供の頃から慣れ親しんできたことと思われますが，現代の幾何学では多様体とよばれる概念が図形としての中心的な役割を果たします．すなわち，**現代幾何学と関わる者にとって，多様体は避けて通ることのできない重要なもの**なのです．また，曲線や曲面は多様体に関する具体例を考える際にしばしば現れる基本的な概念であるとともに，それら自身もまた重要な幾何学的対象です．

ここで，先走って「多様体」という用語について少し述べておきましょう．実は，多様体そのものの定義や多様体に関連するさまざまな概念を理解するためには，理工系の大学生が 1, 2 年生頃に学ぶ**微分積分**や**線形代数**，また，数学系の学科の大学生が 2 年生頃までに学ぶ**集合**や**位相**の概念などが必要となります．したがって，多様体論の授業は数学系の学科の 3 年生以降を対象に開講されていることが多いでしょう．また，ここで言う多様体とは微分可能多様体とよばれるもののことであり，これは位相多様体とよばれるものを定義した後に定義されます．

位相多様体の定義

さて，とりあえず位相多様体の定義を述べてしまいましょう．

定義●M をハウスドルフ空間，n を正の整数とする．M の任意の点が n 次元ユークリッド空間 $\mathbb{R}^n$ の開集合と同相な近傍をもつとき，すなわち，任意の $p \in M$ に対して，p の近傍 U，$\mathbb{R}^n$ の開集合 U' および同相写像 φ（ファイ）$: U \to U'$ が存在するとき，M を位相多様体という(図1)．

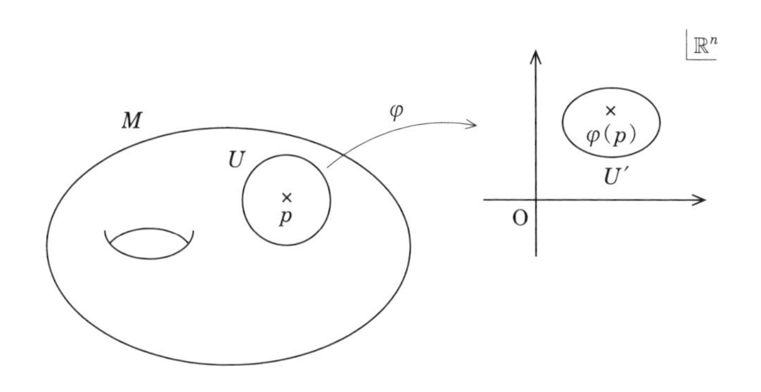

図1　位相多様体

位相多様体の定義は「位相」という言葉が付いているだけあって，ハウスドルフ空間，開集合，同相，近傍，同相写像といった具合に，位相に関する用語が満載です．そうは言っても，位相に関する授業で扱われる個々の内容がその後の専門科目でどの程度必要となるのかは分野によってさまざまであり，多様体論の初歩を理解する際においても，すべてをよく理解していることは必ずしも必要ないかと思います．例えば，上の定義で仮定されている M のハウスドルフ性は多様体論のもっと先のところで効いてくる条件なので，始めのうちは特に気にしなくてもよいでしょう．実際，文献によっては多様体にハウスドルフ性を仮定しないこともあります．

曲線と曲面

抽象的な概念を理解する際には，図を描くことが大きな助けとなります．このことは図形に関わる概念を扱う幾何学において，特に当てはまるでしょう．上の位相多様体の定義でもそのイメージ図を図1として載せました．もともとの位相多様体の定義は，ハウスドルフ空間 M があって云々，といった具合に抽象的なものなのですが，M を例えば図1に描いたドーナツの表面のような図形として表現することによって，その定義を少しでも理解してもらうことを目論んでいます．

上の位相多様体の定義において，正の整数 n のことを位相多様体 M の次元といいます．図1に描いたドーナツの表面のような図形は曲面とよばれる2次元の位相多様体の例をあたえます．これに対して，曲線は1次元の位相多様体の例をあたえるものです．なお，単純に考えれば，多様体はその次元が小さいほど想像しやすくなるので，図1を描く際には曲線を例にしてもよいのですが，ちょっと雰囲気が出ないので，曲面を例にしています．

曲線，曲面はそれぞれ1次元，2次元の多様体の例をあたえるばかりでなく，それぞれ曲線論，曲面論として幾何学の基礎となるものでもあり，多様体論を学ぶ前にこれらを学ぶことはお薦めです．ここで言う曲線論，曲面論とはそれぞれ曲線，曲面の微分幾何学とよばれるもののことですが，実際，これらの内容については，数学系の学科であれば2,3年生向けの授業で扱われることも珍しくありません．

曲線論

まず，曲線論について簡単に述べておきましょう．「微分」という言葉が示すように，曲線の微分幾何学である曲線論においては，曲線を区間から $\mathbb{R}^n$ へのある程度微分可能な写像として表すことから始めます．なお，関数の微分可能性については考える状況に応じてまちまちです．

また，$\mathbb{R}^n$ を単なる数ベクトル空間ではなく，標準内積を備えた内積空間として捉え，曲線を微分することによって得られるベクトルの大きさを測ったり，2つのベクトルのなす角を測ったりします．このことは多様体論においてはやや発展的な話題であるリーマン多様体の概念と繋がるものでもあり，ベクトル値関数に対する微分積分や線形代数で扱う内積空間に慣れていないと，入門的な多様体論には現れないややこしさを感じてしまうかもしれません．特に，ベクトル値関数に対する微分積分については，**ベクトル解析**を学んでおくとよいでしょう．ベクトル解析は物理学との関連が深く，数学系の学科というよりは，理工系の大学生が2年生頃に学ぶことが多いでしょう．

$\mathbb{R}^2$ や $\mathbb{R}^3$ への写像として表される曲線はそれぞれ平面曲線，空間曲線とよばれ，これらの局所的，大域的な性質を調べることが曲線論において基本的なこととなります．ここで，唐突に「局所的」，「大域的」という言葉が現れましたが，これらは幾何学における重要な観点です．大雑把に言えば，局所的な性質とは図形上の考えている点の近くにおける様子だけから決まる性質のことです．これに対して，大域的な性質とは図形全体の様子から決まる性質のことです．

平面曲線

以下では入門的な曲線論にならい，正則な曲線を考えることとします．曲線が正則であるとは曲線上のどの点においても接線が定義できることを意味します．

平面曲線に対しては，曲率とよばれる関数が定められますが，これはその言葉が示すように，平面曲線の局所的性質である曲がり具合を表すものです．このことをきちんと理解するには**微分方程式**について少し馴染んでおいた方がよいでしょう．曲線論や曲面論との関わりでは，未知関数の変数が1つの場合である常微分方程式が特に重要ですが，常微分方程式は数学系の学科に限らず，理工系の大学生であれば，3年生までには学ぶ機会があることと思います．

曲率を定義するための計算には少々説明を必要とするので，ここでは結果だけを述べておきましょう．γ（ガンマ）$: I \to \mathbb{R}^2$ を平面曲線としたとき，その曲率 κ（カッパ）は

$$\kappa = \frac{1}{\|\gamma'\|^3}\det\begin{pmatrix}\gamma' \\ \gamma''\end{pmatrix}$$

によりあたえられます．ただし，I は曲線の定義域である区間，$\| \ \|$ は $\mathbb{R}^2$ の標準内積から定まるノルム，「$'$」はベクトル値関数である γ の変数に関する微分，さらに，det は2次行列に対する行列式です．実は，曲線の曲がり具合は曲率によって完全に決定され，それは次のようにまとめられます．

平面曲線の基本定理●区間を定義域とする実数値関数があたえられると，それを曲率とする平面曲線が回転と平行移動の合成を除いて一意的に存在する．

平面曲線の大域的性質に関する定理としては，例えば，**四頂点定理**とよばれるものがあります．四頂点定理において考える平面曲線は単純平面閉曲線です．これは大雑把に言えば，自己交差せずに始点と終点が一致する平面曲線です．また，平面曲線の頂点とは曲率が極大または極小となる平面曲線上の点のことです．微分積分では，有界閉区間で定義された実数値連続関数は最大値および最小値をもつ，という定理を学びますが，この定理から分かることは閉曲線の頂点が少なくとも2つ存在するということです．しかし，単純であり閉じているという幾何学的な条件を付加することにより，4つの頂点の存在が保証されるのです．

空間曲線

空間曲線に対しても曲率とよばれる関数を定めることができます．ただし，平面曲線の場合とは異なり，空間曲線の曲率は常に0以上の値をとる関数です．そして，曲率が0とはならない場合は，さらに捩率（れい）とよばれる関数が定められます．このとき，平面曲線の基本定理と同様の定理として，**空間曲線の基本定理**がなりたちます．ただし，平面曲線の基本定理とは異なり，空間曲線の基本定理を示す際には，線形常微分方程式の解の存在と一意性とよばれる定理を必要とします．

空間曲線の大域的性質に関する定理としては，例えば，**フェンチェルの定**

理とよばれるものがあります．これは空間閉曲線の全曲率，すなわち，曲率を曲線の定義域全体にわたって積分したものは常に 2π 以上であり，全曲率が 2π となるのは曲線がある平面上の凸曲線となるときに限る，というものです．空間曲線の曲率は常に0以上の値をとるので，定積分の基本的な性質からは全曲率は0以上であることしか言えないのですが，幾何学的な考察を加えることによって，このような定理が得られるのです．

曲面論

曲面論においては，曲面を $\mathbb{R}^2$ の領域から $\mathbb{R}^3$ へのある程度微分可能な写像として表し，曲線の場合と同様の正則性の仮定を課すことから始めます．平面曲線や空間曲線の場合はその曲がり具合を表す量は曲率や捩率ぐらいで済んだのですが，曲面に対してはさまざまな曲がり具合を表す量が現れます．例えば，第一基本形式，面積要素，第二基本形式，ガウス曲率といったものがそれにあたります．

曲面の局所的性質に関する定理として特に重要なものは2つあります．1つは**曲面論の基本定理**です．曲面があたえられると，第一基本形式，第二基本形式に現れる関数はガウス–コダッチの方程式とよばれる偏微分方程式をみたします．逆に，この方程式をみたし，第一基本形式，第二基本形式に

［1］**曲線と曲面** 改訂版
微分幾何的アプローチ
著／梅原雅顕，山田光太郎
発行所／裳華房
発行日／2015年2月
判型／A5判　ページ数／308ページ
定価／3190円

［2］**手を動かしてまなぶ**
曲線と曲面
著／藤岡 敦
発行所／裳華房
発行日／2023年9月
判型／A5判　ページ数／332ページ
定価／3520円

〔3〕**トゥー多様体**

著／Loring W. Tu
訳／枡田幹也，阿部 拓，堀口達也
発行所／裳華房
発行日／2019年11月
判型／A5判　ページ数／506ページ
定価／8250円

現れる関数と同様の性質をもつものがあたえられると，実際に，対応する曲面が回転と平行移動の合成を除いて一意的に存在することが分かります．これが曲面論の基本定理です．

もう1つは**驚異の定理**です．曲面のガウス曲率は第一基本形式と第二基本形式の両方を用いて定義されます．しかしながら，実はガウス曲率は第一基本形式だけから定まるというのが驚異の定理です．

曲面の大域的性質に関する定理として重要なものは**ガウス-ボンネの定理**です．この定理では曲面として，上のような領域からの写像として表されるものではなく，閉曲面とよばれるものを考えます．話が前後しますが，閉曲面の定義をきちんと述べるには位相と多様体に関する用語が必要です．すなわち，閉曲面とは連結かつコンパクトな2次元多様体のことです．例えば，図1に描いたドーナツの表面のような図形は閉曲面です．閉曲面のガウス曲率を面積要素に関して積分して2πで割ったものは，オイラー数とよばれる曲面の連続的な変形で変わらない位相不変量に一致します．これがガウス-ボンネの定理です．

微分可能多様体の定義

ここで，位相多様体の定義に戻りましょう．まず，位相多様体の定義において，組(U,φ)を座標近傍といいます．次に，Mを位相多様体とし，$(U,\varphi),(V,\psi)$（プサイ）を$U\cap V$が空ではない座標近傍とします．このとき，$\varphi(U\cap V)$から$\psi(U\cap V)$への同相写像

$$\psi|_{U\cap V}\circ\varphi|_{U\cap V}^{-1}:\varphi(U\cap V)\to\psi(U\cap V)$$

が定まります(図2)．なお，上の説明では集合の授業で学ぶ写像の像や制限

写像，合成写像，逆写像の記号が用いられています．写像 $\psi|_{U\cap V}\circ\varphi|_{U\cap V}^{-1}$ を座標変換といいます．座標変換はもはやユークリッド空間の開集合の間の写像なので，その微分可能性を考えることができます．そして，上のようにして定められるすべての座標変換が C^r 級となるとき，M を C^r 級微分可能多様体または C^r 級多様体というのです．

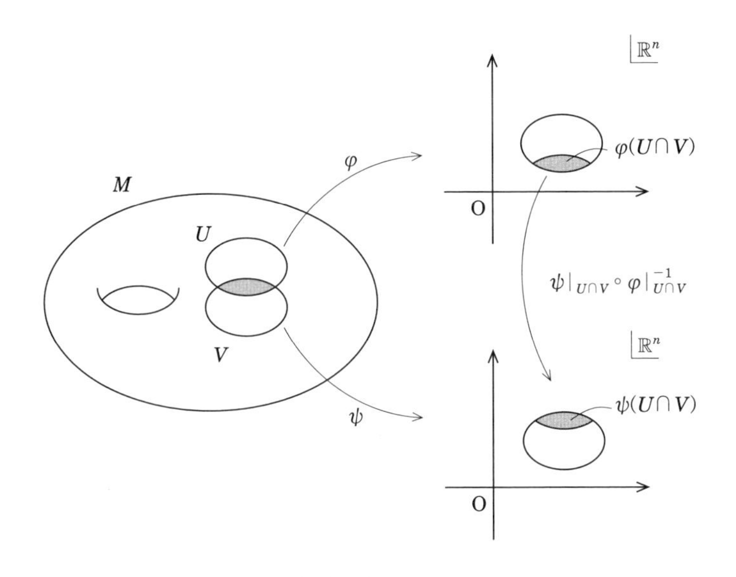

図2　座標変換

微分可能多様体に関しては，接ベクトル，接空間，写像の微分，ベクトル場，微分形式といった概念が基本的です．これらを理解するには，線形代数の知識も不可欠です．例えば，接空間はベクトル空間の例でもありますし，写像の微分は接空間の間の線形写像として定められます．また，微分形式について学ぶには，ベクトル空間の双対空間やテンソル空間にも少し馴染んでおいた方がよいでしょう．

駆け足になりましたが，多様体論においては**考えるべき状況を微分積分あるいは線形代数が使える世界に移す**場面がしばしば現れます．もっとも，このことは多くの数学の分野についても言えることでしょう．

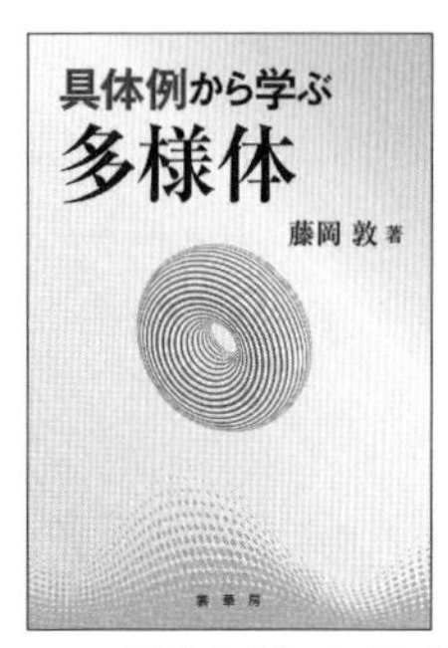

[**4**] **具体例から学ぶ多様体**

著／藤岡 敦
発行所／裳華房
発行日／2017年3月
判型／A5判　ページ数／288ページ
定価／3300円

初学者に薦める本

曲線論，曲面論，多様体論については多くの本が出版されています．なお，曲線論と曲面論は1冊にまとめられていることが多いです．ここでは，初学者に薦める本として，4冊だけ紹介しておきましょう．

まず，曲線論と曲面論に関しては[**1**]と[**2**]を，また，多様体論に関しては[**3**]と[**4**]を挙げておきますが，いずれの本も曲線論と曲面論，あるいは，多様体論に関する標準的内容をカバーしています．恐縮ながら[**2**]と[**4**]は拙著ですが，特に，[**1**]と[**3**]は豊富な話題を扱いつつ，全体にわたって丁寧で詳しい記述がなされています．

第3部

身につけておきたい理系マニュアル

メモやノートを取りましょう

西野哲朗

●電気通信大学名誉教授

メモを取らない学生が増えている？

ここでは，おもに，大学新入生向けに，メモやノートの大切さについてお話ししてみたいと思います．釈迦に説法になってしまう方も多々おられるかとは思いますが，この話は案外，多くの大学新入生の皆さんにとって重要な注意になるのではないかと感じております．まずは，私がそう感じる理由のようなことからお話を始めてみたいと思います．

メモを取らない大学生が多いことに私が最初に気が付いたのは，かつて就職指導ガイダンスで150人ほどの学生(学部3年生と修士1年生)を前に話をしたときのことでした．半数程度の学生が，ただ，じっと私の話を聞いているだけだったのです．そのことに違和感を覚えた私は，学生に向かって，あえて，こう注意をしてみました．

「今日の就職指導ガイダンスが，皆さんの就職活動の第一歩になります．今後，就活中は誤った情報に基づいて動かないように，大事なことは必ずメモに取ってください．今日は，そのような就活の第一日目なのですから，全員，まずはメモを取りながら私の話を聞いてください．」

ところが驚いたことに，この私の注意に応じる形でメモを取り始めた学生は，ごくわずかだったのです．上記の私の注意を受けても，相変わらずメモを取らない学生が大半だったのです．これには正直，私も驚きました．

職場の同僚のYさんにこの話をすると，彼女の当時大学生の息子さんが，小学生だった頃のことを話し始めました．「私が小学校に参観に行ったときのことですが，席につかずにウロウロする子供が多かったため，先生の最大の関心事は，生徒全員を席に付かせて先生のお話をおとなしく聞かせることでした．つまり，生徒たちに対して，手を止めて，何もせずに，おとなしく先生のお話を聞きなさい，という指導が強力に行われていました．小学校や中学校では，先生のお話の後にノートを取る時間があり，全員，その時間にノートを取らされていたのだと思います．しかし，大学に入ると，授業中にノートを取る時間というものは特に確保されていないので，先生のお話をおとなしく聞くだけで終わってしまうのではないでしょうか？」というのが彼女の仮説でした．

また，私が担当した5人の少人数クラスの輪講で，こんなことがありました．ある日のレポータの学生が予習した箇所の定理の証明がわからなかったので，私に説明して欲しいというのです．そこで私が黒板に出て，その定理の証明を説明したのですが，私のその板書をノートに取ったのは5人中2人だけでした．私に質問をした当の学生も，ノートは取らずに腕組みをして，頷きながら私の話を聞いていました．そのときは，よほど理解力がある学生なのかなと思っていました．その一方で，2人の学生は，私の板書を必死にノートに取っていました．

実は，その授業には最終レポートがあったのですが，提出されたレポートを見てちょっと驚きました．ノートを取っていた2人の学生は，レポートをたくさん書いていたのですが(もちろん，内容も立派でした)，ノートを取っていなかった3人は，少ししか文章を書いていませんでした．しかも，単文の羅列のような書き方で，文章作成に慣れていないことがはっきりとわかりました．その3人のレポートは内容的にも貧弱でした．

Yさんの仮説の通りとすると，大学でも小中高校のようにノートを取る時間を確保して，「はい，それでは，全員ノートを取ってください」とでも言えば，皆，ノートを取るということなのでしょうか？ でも，これではいつまで経っても口述筆記ができるようになりませんから，実社会で仕事ができるようになりません．物事を，ひとつずつしか実行できない人というのは，あまり要領の良くない人なのだろうと思います．

メモを取り慣れていないと就職してから困ります

口述筆記ができないような要領の悪い人たちが増えてくると，企業の現場などでも混乱が生じるのではないでしょうか？ 重役さんが大切なお話をされたときに，「ちょっと待ってください．今，メモを取りますから」などとは言えません．さらには，上司や先輩の話をメモしていない若手が増えて来ると，仕事上の「言った言わない」論争のようなものが増えていきそうです．しかし，そのような論争を社内でしているうちは，まだ良い方なのかもしれません．仕事の相手先との間でそんな論争が始まってしまうと，企業の信用問題にまで発展しそうです．

某大手企業の研究員である私の知人が，入社2〜3年目の新人を対象とした研修に立ち会ったときに，メモを取らない新人が少なからずいて，大変驚いていました．その研修の講師も，さすがにこの状況には驚いたようで，途中で「重要なことはメモを取りましょう」と注意していたそうです．すでに，メモを取らない(取れない)人が大手企業に入社しているようです．なんと，研修にもかかわらず，筆記用具を持参しない強者までいたそうです．我々世代には，この感覚はまったく理解できません．仕事というものを，どのように捉えているのか？ という話だと思います．

実は，メモを取らない学生が多い理由は，上記のYさんの仮説だけでは説明がつきません．冒頭の就職指導ガイダンスの事例では，私がメモを取るように促してもメモを取る学生がほとんど増えなかったからです．この現象には，もっと奥深い問題がありそうなのです．時代が変わってもやるべきことは同じです．やらなければ，その不利益はすべて自分に返って来ます．それなのに，携帯電話やPCといった便利な道具が急速に普及してしまったために，多くの若者の「読む・書く・話す」能力が未開発のままになっているのではないでしょうか．

また，Yさんによると，「話が聞けない → 文章が組み立てられない → 考えることができない」という流れなのだという話を，とあるTV番組で放送していたそうです．これは，外国語学習の場合もまったく同様だと思います．多くの日本人は，英語が聞けないので，返事を組み立てられず，そのため，英語で思考もできないわけです．しかし，このことが，外国語ではなく，母国語において起こっていることはきわめて深刻です．

さらに続けて，Y さん曰く，「そのようになる原因は，幼児期に親が先さきに物事を行ってしまい，親の話を聞かなくても事を済ますことができるからだそうです．少子化と富裕化の影響でしょうか？」 なるほど．そこまで，原因は遡るわけですね．それにしても，怖いなと思うのは，こういった子育てが日本国中で，ある時期に一斉に行われるようになったということでしょうか．なぜ，日本人というのは，ここまで画一的な動きになるのでしょうか？ 以前から，不思議で仕方がないことです．

さて，「話が聞けない → 文章が組み立てられない → 考えることができない」という流れに沿って，「メモを取れない」ということをもう少し詳しく分析してみると，結局，以下のような対応関係になっていることに気が付きます．

話を聞けない ＝ 話のどの部分が重要なのかがわからない
文章を組み立てられない ＝ 話をどのようにメモにまとめたら良いかがわからない
考えることができない ＝ メモを活用して自分なりに考えることができない

実践的メモ術・ノート術

たとえば，予習ができる授業の場合に，周到に予習を行って，ほぼ内容を把握できているのであれば，授業中には，講師の先生のお話に集中するためにノートを取らないという考え方もあり得るかもしれません．しかし，多くの授業や新人研修の場合には教室でどんな話が出るかもわからず，しかも，その内容が将来の自分の研究や業務，さらには成績や人事評価に影響しますから，とにかく重要なことはメモしておかなければなりません．素晴らしく記憶力が良い人であっても，数か月すれば確実に記憶は薄れますから．

私自身，大学卒業後に入社した企業の新人研修で教わったコンピュータに関するある事柄を，10年後くらいに参照したくなって，研修のときのノートを引っ張り出したこともありました．自分にとっての重要な知識のアーカイブを構築しておくと，後々，身の助けになります．もちろん，あまりマニアックにアーカイブ作りをしても意味がないとは思いますが，自分にとっての重要なポイントは，要領よくコンパクトにまとめておくべきだと思います．

私に上記の新人研修の話をしてくれた知人は，入社15年以上のベテラン社員ですが，会社ではときどき議事録の担当になることがあるそうです．業務の進捗確認程度の記録ならあまり問題はないようですが，内容について議論する場だとメモを残すのが大変で議論に参加しにくい．そのため，話題ごとに記録する時間を作って皆でそのメモを確認し，次の話題へ進む形式の会議をやったこともあるそうです．これならメモ係も議論に参加できますが，会議の進みが遅く，大変時間がかかってしまいます．そんなわけで，その方は，議事録担当でなければ重要な項目やキーワードだけを口述筆記していると言っていました．

通常，この方のように，議論をしながら重要なポイントだけを要領良く書き留めていく口述筆記ができないと，作業効率が悪くて仕方がありません．議事録作成よりも，さらに正確なテープ起こしなどをしてしまうと，間違いなく膨大な時間がかかります．会議の個人的な記録を残すために，そんな膨大な時間をかけているのは，あまりに非効率です．

しかし，要領良く口述筆記を行おうとすると，耳から入った発話の中から重要なキーワードを瞬時に抜き出し，手際よく整理してメモ用紙の上に上手く言葉を配置して，書き留めていかなければなりません．これは，トレーニングしなければ習得できないスキルです．今現在，メモを取っていない(取れない)学生が，そのスキルを習得するのは結構大変なことだと思います．

そもそも，社会人のノート術と学生のノート術はまったく異なります．社会人になると，学生時代とは比較にならないくらい忙しくなります．しかも，その忙しさの質がまったく違います．とにかく，いろいろな仕事を同時進行でこなしていかなければなりません．学生時代にも，授業やサークル活動，アルバイトなどいろいろな活動を行うと思いますが，社会人の忙しさはそういったレベルではありません．

そのような状況下で数多くの仕事をこなして行こうとすると，メモがなければやっていけません．学生さんの多くは，メモを単なる備忘録として使うものと思っておられると思います．それはたしかにその通りで，もちろん，メモにはそのような機能がありますが，社会人になってからメモに求められるのは，むしろ，下記のような機能です．

- **忘れるためにメモする**：今，手がけている仕事を一時中断して別の仕事を先に行う場合には，それまでの仕事を，後日，迅速に再開できるように，進捗状況等をメモにしておかなければなりません．この場合のメモは，それまでの仕事をいったん忘れ，頭を切り換えるために行っていると言えます．
- **スケジュール管理のためにメモする**：種々のアポイントメントや予定をスケジュール表に書き込んで行くと，たとえば，次の一週間のうちで多忙な日とある程度の空き時間が確保できる日が明らかになってきます．1週間後に原稿の締め切りがある場合などには，その空き時間に原稿を書いてしまわなければなりません．そのようなスケジュール管理も，メモをベースに行われます．
- **思いついたアイディアを書き留めておく**：社会人は，同時にたくさんの仕事を抱えていますから，ある仕事について閃いたアイディアは，その場で書き留めておかないと忘れてしまいます．

上記のようにして，情報さえ体系的に収集され整理されていれば，PCにデータを入力してアーカイブ化し，それらの情報を検索可能にすることもできます．

今日からメモ魔になりましょう

早速，今日から，手帳と筆記用具を常に持ち歩いて，大事と思ったことは，なんでも，メモしましょう．何事も，習うより慣れろです．大学生になったら，手帳やメモを常に携帯しましょう．メモは自分だけが判読できれば良いので，キーワードだけを書き留めるのでも構いません．それらのキーワードを，自宅に戻ってからPCに補足しながら入力して整理しておくと，後々大変便利です．

大学の授業なども，しっかりとノートに取りましょう．先生が板書されたものばかりではなく，先生のお話の中で自分が大事と思ったことを，積極的に書き取っておきましょう．さらに，授業中に取ったノートは，その日のうちに電車の中や自宅で読み返し，疑問に思われる点があったら，教科書やウェブなどで調べてノートの記述を補足しておきましょう．そのような形で，大学などでは復習中心の勉強をされることをお薦めします．

そうした復習の過程で，自分のノートが，本当に自分の役に立っているのかを確認してみてください．もし，授業内容がよく復習できなければ，ノートの取り方が悪いのです．たとえば，板書だけをノートに取っておいても内容がよく復習できない人は，先生のお話や自分の理解など補足事項も書き留めるようにしてください．どのようなノートが有効なのかは人それぞれに違うので，自分独自のノートのスタイルを編み出してください．そのようなノートの取り方は，決して万人向けのものではなく，自分一人のものです．ノートやメモは，人に見せるためのものではありません．

大学では，パワーポイントを使った授業もあり，その資料が配付される場合もあると思いますが，必ず，ノートを取りながら授業を聴くようにしてください．パワーポイント等の資料が配られた場合でも，その資料の余白や裏に，自分なりの理解や先生のお話をメモしておきましょう．以前，ある新聞の取材を受けたときに，私が作成したパワーポイント資料の余白に記者さんがびっしりとメモを書き込まれたのには，本当に驚きました．プロのジャーナリストは，ものすごい量のメモを取られます．

2000年代以降,「手帳術」や「ノート術」といった言葉がついた書籍なども多く見かけるようになりました．メモやノートを取ることは，人生に積極的に取り組んでいる証のようなものです．成功者は皆，自分独自のメモ術，ノート術を，日々実践しています．もちろん，メモを取っただけでは意味がありませんが，メモを取っておかなければ話になりません．自分のメモを有効活用した人たちが，豊かな人生を開花させているのです．そのための素地を，学生時代にぜひ培っておきましょう．今日からメモ魔になってみると，日々の生活の見え方が違ってくるかもしれません．メモを取る習慣のない方は，大学入学を機に，ぜひお試しになってみてください．

数学記号とギリシャ文字について

間瀬 茂
●東京工業大学名誉教授

学生の数学記号の知識が貧しく，また書き方が混乱しており，それが内容の理解そのものを妨げていると日頃感じてきた．この記事では，数学記号としてのギリシャ・ラテン文字，および代表的な数学記号について解説したい．

数学と記号

数学は記号の学問であり，多彩な記号を駆使する．数学において記号は単なる物ではない．微分・積分記法 dy/dx, $\int f\,dx$ がもたらした豊かな成果を思い起こそう．数学では，適切な記号の導入が問題の定式化に不可欠なだけでなく，その解法を示唆する．また，数学を使う諸分野では，基本的な概念を特定の記号で表す慣例があり，それを知らなければ理解が困難になる．

こうした記号の読み方とその筆順は，唯一無二ではなく，普通，先生の流儀をまね，自分流に工夫して身につける．したがって，以下の解説は，あくまで筆者個人の流儀を説明するものであることをお断りしておく．要は，記号は使う人にとって使いやすいこと，そしてコミュニケーションの手段として，他人にも分かることが求められる．

数学で用いられる記号は，数学固有のものと，ギリシャ・ラテン文字に大別される．数学固有の記号もギリシャ・ラテン文字に由来することも多い．これは中世以来久しく，ヨーロッパ知識人の教養の基礎が古典ギリシャ・ラテン文学だったという事実を知れば納得がいく．学術用語の多くが古典ラテン・ギリシャ語に由来している．数学という言葉自体，ギリシア語 $\mu\alpha\theta\eta\mu\alpha$ (mathema，知識，研究)に起源を持つ．円周率 π は，円の周長を意味するギリシャ語 $\pi\epsilon\rho\acute{\iota}\mu\epsilon\tau\rho o s$ (perimeter)の頭文字が起源である．

数学とギリシャ文字

表1は24の現代ギリシャ文字である．日本で慣用の読み方を示したが，

ギリシャ文字	日本での読み方	対応ラテン文字
A α	アルファ	A a
B β	ベータ	B b
Γ γ	ガンマ	C c G g
Δ δ	デルタ	D d
E ϵ (ε)	イ(エ)プシロン	E e
Z ζ	ゼ(ツェ)ータ	Z z
H η	エ(イ)ータ	H h
Θ θ (ϑ)	シ(テ)ータ	なし
I ι	イオタ	I i J j
K κ ($\varkappa$)	カッパ	K k
Λ λ	ラムダ	L l
M μ	ミュー	M m
N ν	ニュー	N n
Ξ ξ	クシー，グザイ	なし
O o	オミクロン	O o
Π π (ϖ)	パイ	P p
P ρ (ϱ)	ロー	R r
Σ σ (ς)	シグマ	S s
T τ	タウ	T t
Υ υ	ユプシロン	U u Y y V v W w
Φ ϕ (φ)	ファイ	語幹 phi に名残り
X χ	カイ	X x
Ψ ψ	プサイ，プシー	語幹 psy に名残り
Ω ω	オメガ	なし

表1　24の現代ギリシャ文字(括弧内は異体字)，その読み方と対応ラテン文字

英語の発音は結構違う．ラテン文字と同じものも多く，文字 F, Q は古ギリシャ文字 Ϝ（ディガンマ，数学記号としても使用）と Ϙ（コッパ）に由来する．異体字は φ を除けば知らない人も多い．σ の異体字 ς は語尾形である．無限を表すヘブライ文字アレフ $\aleph$ は A の先祖に当たる．

なお，オメガはメガ（大き）な“オー”，オミクロンはミクロ（小さ）な“オー”の意味である．表 2 はギリシャ文字の筆順例である．手書きではしばしば混同しがちな (a, α), (B, β), (r, γ), (k, κ), (x, χ), (t, τ), (v, υ) そして (w, ω) をはっきり書き分けることが必要である．特に δ, ρ, σ は適当に書くと紛らわしく，数字の 6 とも混同しがちである．上下のはみ出し部分の長さと形状を意識して書こう．

表 2　ギリシャ文字の筆順例（ラテン文字と同じものを除く．文献により多少異なる）

ラテン語由来の記号・略語は少なくない．疑問符？は *quaestio*（疑問）の最初と最後の文字を，簡単符！は感動詞 *io* を，縦に並べてできた．アンパサンド & は *et*（and）の省略記号であり，and *per se*（一語で and）という意味である．アットマーク（英語では at sign）@ は *ad*（at）の簡略記号で，本来単価を表す商業記号であった．ラテン語由来の略語としては i.e.（*id est,* つまり），etc.（*et cetera,* 等），e.g.（*exempli gratia,* 例えば），et al.（*et alia,* その他），

cf.（*confer*, 比較せよ），vs.（*versus*, バーサス，〜対〜），vice versa（バイシー・バーサ，逆もまた真）などがある．

総和（シグマ）記号 $\sum$ はラテン語 summa（頂上，summit）の頭文字 S を Σ に置き換えたものである．頂上が和の意味になったのは，二つの数の組立て加法の結果を，現在のように下に書くのではなく，上に書く習慣があったかららしい．積分記号 $\int$ はライプニッツがドイツ古書体の長い s（積分記号の上半分の形）から作った記号である．彼も最初は omn. f, 次に $\int f$ と書いていたらしい．集合の所属記号 $\in$ と数字の 0 はそれぞれギリシャ文字 ϵ, o に由来する．

大学で使われる基本的な数学記号

以下では大学初年級で使われる数学記号について解説する．数学論文・書籍で広く使われる組版ソフト LaTeX には膨大な数学記号が用意されており，見るだけで楽しい（キーワード "symbols-a4.pdf" でネット検索してみよ）．ある分野の理解には，その分野で使われる特有の記号にまず習熟すべきである．

数式に使われるラテン文字

数式ではラテン文字はイタリック（斜）体 $ABC\,abc$ で表す．数字は斜体にしない．ボールド（太字，ゴチック体とは別物）体 **ABC abc 012** やボールド斜体 ***ABC abc*** も使われる．ペン字の筆跡を真似たカリグラフィック（装飾，スクリプト）体 $\mathscr{ABC}$, 黒板に太字を書く際に使われたブラックボード（黒板）ボールド体 $\mathbb{ABC}$ も使われる．本来手書き書体であり，手書きに馴染む．複素数，実数，有理数，整数，自然数の全体は慣用的に太字でそれぞれ **C**, **R**, **Q**, **Z**, **N**, もしくは $\mathbb{C}, \mathbb{R}, \mathbb{Q}, \mathbb{Z}, \mathbb{N}$ と書く．筆者の学生時代には必須の数学記号であったドイツの古書体であるフラクトゥール（亀甲）体 $\mathfrak{ABC}$ は，複素数 z の実・虚部を表す $\Re(z), \Im(z)$, 集合 X の部分集合の全体の冪集合 $\mathfrak{P}(X)$（2^X という記法が普通）等にわずかに残るだけである．

区切り記号

区切り記号には，(丸)括弧(parenthesis) ( )，角括弧(bracket) [ ]，波括弧(curly bracket) { } があり，同時に使うときは {[(…)]} の順に使う．山括弧(angle bracket) ⟨ ⟩，縦線 | そして二重縦線(ノルム)記号 ‖ も使われる．丸・角括弧は $[a, b)$ のように区間を，波括弧は $\{x : f(x) \in A\}$ のように集合を表す用法がある．記号 $|\cdot|$ はいろいろな意味で使われるため，特に絶対値を abs(·) と表すことがある．括弧が多すぎると式が見づらくなる．$\int ax + b\,dx$ や期待値 $\boldsymbol{E}X$ のように，混乱なしに省略できることも多い．

アクセント記号

記号の上下，斜め上右に付け加えられるアクセント記号は A' (ダッシュ，プライム)，A'' (ツー・ダッシュ，ツー・プライム)，A^* (スター，アステリスク)，$\widetilde{A}$ (チルダ，チルド)，$\widehat{A}$ (ハット)，$\overline{A}$ (バー)，$\dot{A}$ (ドット)，$\ddot{A}$ (ツー・ドット)，$\overrightarrow{A}$ (ベクター)，$\check{A}$ (チェック)，$\underline{A}$ (下線，アンダーライン)等がある．A ダッシュ等と発音する．

添字

アクセント記号に似たものに添字 $x^n, x^{(n)}, x_n, x_{k_n}$ がある．指数関数 e^x もその例である．添字はその位置により，上付き添字(superscript)，下付き添字(subscript)と呼ばれ，少し小さめの字体を使う．

三点リーダー

途中や以降の省略を表す三点リーダーは二種類ある．中位に置かれ演算の繰り返しを意味する場合と，下位に置かれ羅列を意味する場合(和書では使われないこともある)である：

$$x_1 \times x_2 \times \cdots \times x_n, \qquad f(f(\cdots f(x))),$$

$$i = 1, 2, \ldots, n.$$

大きな行列の表記では垂直，斜めの三点リーダーも使う．点の数は3が原則である．

基本的関数・演算名

基本的関数や演算名は斜体でなく，ローマン(立)体で表す．例えば sin, log, exp, lim．大学で登場する例には sup (スープ，上限)，lim sup ($\overline{\lim}$ とも書く，リミット・スープ，上極限)，inf (インフ，下限)，lim inf ($\underline{\lim}$ とも書く，リミット・インフ，下極限)，max (マックス，最大値)，min (ミニマム，最小値)等がある．

二項演算・関係用記号

二つの対象の間の演算や関係を表す二項演算・関係用の記号は，$+, -, \times, \cdot, =, \leq, \subset, \in$ 等，高校数学でお馴染みのものをはじめ無数にある．$\rightarrow, \uparrow, \leftrightarrow, \Leftrightarrow$ 等の矢印も立派な二項関係記号であり，やはり無数にある．関係の否定は $\neq, \not\leq$ のように斜線を加える．等号関係を一部に含む関係式は $\leqq$ ではなく $\leq$ 等とするのが現代標準である．大学数学で重要な二項演算子の例として $f*g$ (関数のコンボルーション，たたみ込み)，$S \circ T$ (写像の合成)，直和 $A \oplus B$ (A と B の直和，A 直和 B 等と呼ぶ)，直積 $A \otimes B$ がある．定義を表す関係には $:=, \triangleq, \equiv, \stackrel{def}{=}$ 等が使われる．二つのベクトルに対する積と呼ばれる二項演算には，内積 $x \cdot y$ (または (x, y))，外積 $x \wedge y$，クロス積 $x \times y$，直積 $x \circ y$ がある．二項関係ではないが，集合 D から R への写像を表す記法 f: $D \mapsto R$ も大学数学では必須である．$+x, -x, x!$ のように記号の前後に付く単項演算子もある．例えば $\#X$ は集合 X の要素数を表す．card$(X), |X|$ と書くこともある．

微分解析，線形代数などに関連する記号

微分に関連する記号としては，∂ (パーシャル，デル，曲がった d の字形)，∇ (ナブラ，古代の竪琴の形状に由来)，Δ (ラプラシアン)が基本である．div (ダイバージェンス，発散)，rot (ローテーション，回転)，grad (グラディエント，勾配)も使われる．

線形代数で使われる記号としては dim (ディメンジョン，次元)，tr (trace, トレース，跡)，rank (ランク，階数)がある．逆行列は A^{-1}，行列式(デターミナント)は $|A|$ や $\det(A)$ で表す．特に行列 A の転置は $A^t, A^\tau, A^T, {}^tA$ 等さ

まざまな表現があり，A トランスポーズ や，A 転置 と発音される．

多項式 f の次数は $\deg(f)$ と表される．数値解析で使う記号に $\arg\max$（アーグマックス），$\arg\min$（アーグミン）がある．関数のそれぞれ最大値と最小値を与える x であり，次のように使う：

$$3 = \underset{0 \le x \le 3}{\arg\max}(x^2 - 2x + 3).$$

暗黙のニュアンスを持つ記号

慣習から暗黙のニュアンスを持つ記号がある．整数 i, j, k, l, m, n，実数・変数 x, y，複素数 z，比 r，定数 c，関数 f，パラメータ・角度 θ，確率 p，小さな正数 ϵ 等がその例であり，できるだけ尊重すべきである．自然対数の底 e，円周率 π は自己主張が強すぎ，他の意味に使いにくい．i を添字として使いたいため，あえて $e^{\sqrt{-1}x_i}$ 等と書くことがある．類縁関係を持つ対象は $(p, q), (m, \mu), (X, x)$ のように類縁関係を持つ記号で表すのが自然である．意味を示唆する記号の使用も勧められる．例えば，数列 $\{x_n\}$ の重み付き和 $\sum_n w_n x_n$ における記号 $\{w_n\}$ は重み（weight）を暗示している．

長めの定番表現の省略形

長めの定番表現には，iff（if and only if，必要十分），w.r.t.（with respect to，に関して），a.e.（almost everywhere，ほとんどいたるところ）等，自然発生的な省略形が使われることがある．

その他の注意

空集合 ∅ は 0 に斜線を加えたもので，ギリシャ文字 ϕ ではない．ただし $\varnothing$ という表記もある．割り算 $\div$ と二項係数記号 ${}_n\mathrm{C}_m$ は世界標準ではなく，/（スラッシュ）と $\binom{n}{m}$ を使う．根号 $\sqrt{x}$ も指数記法 $x^{1/2}$ が簡潔で一般性がある．記号 $\because$ と $\therefore$ もまず使われない．証明の最後の決まり文句 Q.E.D.（ラテン語 *Quad erat demonstrandum.* の略）は今では古くさいとされ，ハルモスの四角形（□もしくは■）を使うことがある．近似等号 $\fallingdotseq$ そしてガウス記号 $[x]$ は日本の方言であり，代わりに $\approx$ およびフロア（床）関数 $\lfloor x \rfloor$ を使う．斜

体の l は小さな添字では 1 と混同しやすく，異体字 ℓ が使われることがある．以下の例のように，数式だけの行の中と，文章の中では，記号のサイズや添字の位置を変える慣例がある：

$$\lim_{n\to\infty}\sum_{i=1}^{n} x_i = 1 \qquad (\text{他方で } \lim_{n\to\infty}\textstyle\sum_{i=1}^{n} x_i^2 = 2).$$

理工系の文章では句読点は 、。ではなく，．とする．適切な空白も，数式の読みやすさには大事である．

文字や記号の話ではないが，近年最も違和感を覚えることの一つが「y を x で微分してあげると」といった言い方をする学生が多いことである．数学特有の命令・断定口調に抵抗感があるのであろうか．しかし数式相手に丁寧語を使うのは滑稽である．

レポートを書くための TeX 超入門

阿部紀行

●東京大学大学院数理科学研究科

1 — TeX とは

次のような数式をコンピュータで出力するにはどうすればよいでしょうか．

$$f(x) = \sum_{n=-\infty}^{\infty} \left(\int_0^1 f(t) e^{-2\pi int} dt \right) e^{2\pi inx}.$$

このような場合によく使われるソフトウェアが，ドナルド・クヌース氏により作られた「TeX」です．1978 年生まれのこのソフトウェアは，その高い組版能力と美しい出力により，実際に出版される本にも利用されています．数式を含む文書を書く際には事実上の標準となっており，数学に携わるものにとっては必携のツールです．

この TeX は強力な機能を持っていましたが，使い方にやや癖のあるものでした．レスリー・ランポート氏は TeX の機能を用いて，TeX システムの上に LaTeX というシステムを構築しました．一番の特徴が，見た目と文書構造を分離する機構です．たとえば，ある節の見出しを入力する際に，LaTeX では「この大きさの文字をどこそこに配置する」とは指定せず，節の見出しであることのみを指定します．見た目を気にしなくてよいので，文書作成者の負担は少なくなり，その分文書作成に集中することができます．この LaTeX はできがよく，「TeX を使っています」という場合も，実際に使っているのは多くの場合この LaTeX です．

これらのソフトウェアは英文のみが想定された作りになっており，日本語の文書作成はできませんでした．pTEXは，株式会社アスキー(統廃合を経て現在はこの名前の会社は存在しない)により作られた，日本語対応のTEXです．同時に日本語対応のLATEXであるpLATEXも作られ，現在に至るまで日本におけるLATEX利用者の標準となっています．さらに，オリジナルのTEXにさまざまな機能を追加したpdfTEXやその機能の一部をpTEXに追加したε-pTEXが作られ，現在標準的に使われています．さらにUnicodeの利用を可能にしたupTEXや次世代の標準となるであろうLuaTEXなどのさまざまな拡張されたTEXが作られ，使われています．

なお，TEXは正式にはこのようにEを少し下げて書きます．そのような表示が難しい場合は，TeXとeのみを小文字にします．LATEXもこのように書き，難しい場合はLaTeXと書きます．また，TEXはギリシャ語に由来した名前なので，読み方もギリシャ語であるべきであると作者クヌース氏は主張しています．したがって，「テックス」のように読んではならず，日本では，「テフ」または「テック」と読む人が多いようです．それにあわせて，LATEXは「ラテフ」または「ラテック」，pLATEXは「ピーラテフ」「ピーラテック」と呼ばれることが多いようです．

2—インストール

pLATEXはそれ単体では動かず，さまざまな関連ソフトウェアなどとともに動きます．これをすべて自分で集めるのは非常に大変ですが，一つにまとめたものがいくつか公開されています．その中でも最大の規模を誇るものがTeX Users GroupによるTEX Liveです．

TEX Liveのインストーラは

https://www.tug.org/texlive/acquire-netinstall.html

から，ダウンロードできます．Windowsをご利用されている場合は，install-tl-windows.exeをダウンロードし，ダブルクリックで実行してください．「Next」「Install」「次へ」「導入」などを押していけばインストールが行われます．かなり時間がかかりますので辛抱強くまっていてください．インストーラ自身はTeXの動作には必要ありませんので，不要でしたら消してください．

3—使ってみる

インストールが終わると，スタートメニュー内にTeXworks editorが現れます．スタートメニューを押し，キーボードから「texworks」と打ち込んで呼び出すのが便利でしょう．または，アプリの一覧から「TeX Live 2024」フォルダ(2024の部分は年によって変わります)を選ぶと，その中にあります．そちらをクリックすると，TeX Liveに含まれているソフトウェアの一つである，TeXworksが起動します(図1)．早速，次の文書を打ってみましょう．なお，8行目の **¥TeX** と「に」との間には空白が入っていることに注意してください．

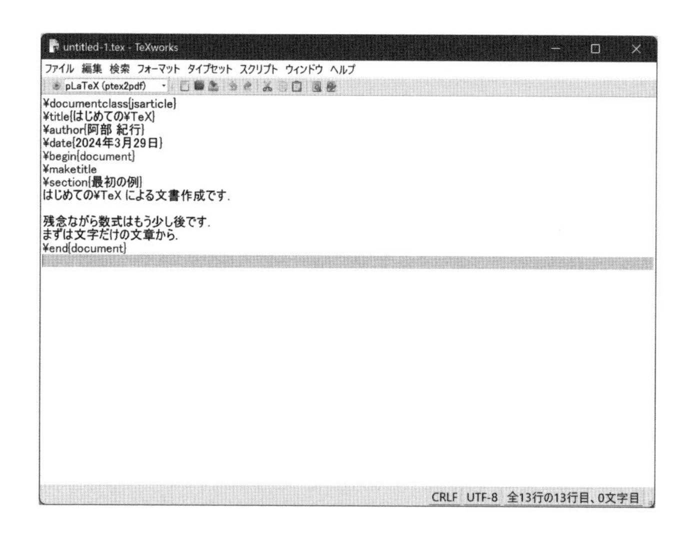

図1 TeXworks

```
¥documentclass{jsarticle}
¥title{はじめての ¥TeX}
¥author{阿部 紀行}
¥date{2024 年 3 月 29 日}
¥begin{document}
¥maketitle
¥section{最初の例}
はじめての ¥TeX による文書作成です.

残念ながら数式はもう少し後です.
まずは文字だけの文章から.
¥end{document}
```

書き終えたら，メニューから「ファイル」→「保存」と選んで，ファイルを適当な場所に保存します．もし TEX が Microsoft Word のようなワープロソフトのようなものだと想像していたならば,「複雑怪奇な」入力に驚いたかもしれません．ワープロソフトとの大きな違いが，このように出力したいものと入力しているものが違って見えることです．出力を見るために，TeXworks の上にある緑の右向き三角を押してみましょう．しばらく何か処理された後,別のウィンドウで以下のような出力を見ることができるはずです(図 2).（実際にはページ番号なども入っているでしょう.） もしエラーが起こり出力されない場合は，赤いバツ印に変わったボタンを押して，入力に間違いがないか確認してみてください.（よりよいエラーへの対処法は次節をご覧ください.）

入力にあった **¥documentclass** のような文字列がなくなっていることがわかると思います．また，**¥TeX** も正しい形になっています.

¥ から始まる文字列は，コントロールシークエンス(英語では control sequence)と呼ばれ，出力結果に何らかの影響を及ぼします．このように，特別な「命令」を入力することで見た目の変更などを記述するための言語を「マークアップ言語」と呼びます．TEX は代表的なマークアップ言語の一つ

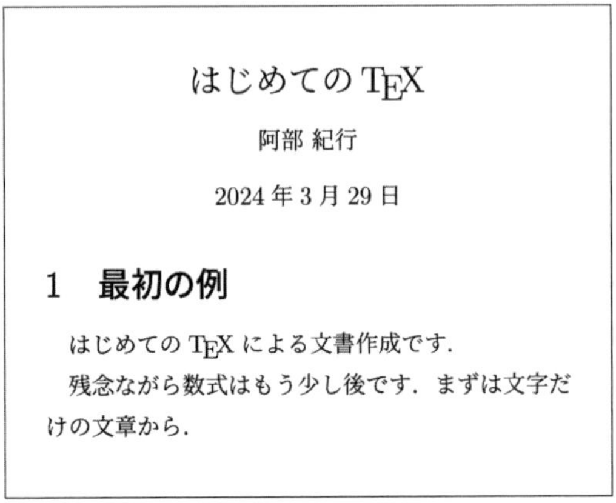

> はじめての TeX
>
> 阿部 紀行
>
> 2024 年 3 月 29 日
>
> **1　最初の例**
>
> はじめての TeX による文書作成です．
>
> 残念ながら数式はもう少し後です．まずは文字だけの文章から．

図 2　LaTeX の出力例

です．マークアップ言語による文書作成は，このように命令を含む入力を作成し，それを処理して出力を確認し，また入力に戻り編集を行う，という繰り返しで行います．

さて，目の前にある TeXworks は，実は TeX とユーザとの架け橋を行う役割しか果たしていません．三角印が押されると，TeXworks は入力されたものを TeX（正確には pLaTeX）に渡します．入力を渡された pLaTeX は，その入力を解釈し，結果を PDF ファイルとして作成します[1]．（この過程を，コンパイルまたはタイプセットと呼びます．）このようにして，ファイルを保存したフォルダに PDF ファイルが作成されます．そして，TeXworks はできあがった PDF ファイルを表示します．このように，TeX を使う際にはいくつかのプログラムが連携して動いています．普段は意識する必要はあまりありませんが，トラブルなどが起こった場合，どのプログラムがエラーを起こしているかを特定する必要がありますので，その際には思い出してください．

1）実際は，pLaTeX により DVI と呼ばれる形式のファイルが作成され，その後 DVIPDFMx という別のプログラムによって PDF ファイルが作成されます．

4 ─ エラーが起こったら

入力に間違いがあると，TeXworks の下の段にコンパイル中にエラーが発生したことを伝えるメッセージが現れます．（図 3．正確には，陰で動いている pLaTeX が発したエラーメッセージを TeXworks が表示しています．） たとえば，**¥documentclas**（**s** が一つ足りない）と書いたときは以下のように出力されます．

```
! Undefined control sequence.
l.1 ¥documentclas
                  {jsarticle}
```

「Undefined control sequence.」というメッセージから，定義されていないコントロールシークエンスを用いたことがわかります．今の場合もそうであるように，このエラーは多くの場合は書き間違いです．このエラーを理解したら，キーボードから「e」と一文字打って（エラーを伝えるメッセージを表示

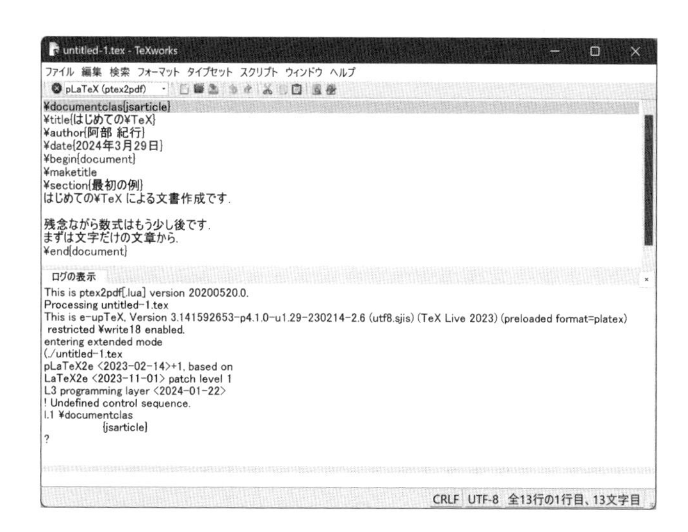

図 3　TeXworks エラー画面

するボックスのさらに一つ下のテキストボックスに「e」と出るはずです)，Enter を押してください．多くの場合，これでエラーが発生した行にカーソルが移動します．(「e」は edit の e です．再度編集を行うことを意味します．) 入力を修正して再度コンパイルを行ってください．なお，エラーによっては「e」と入力してもうまくいかないことがあります．そのときは赤いバツ印を押して終了してください．

5 ― LaTeX による簡単な文書作成

第3節の例を用いて，LaTeX の書き方を説明します．必須となるコントロールシークエンスが

```
¥documentclass,
¥begin{document},
¥end{document}
```

の三つです．

¥documentclass は，「文書クラス」を指定するコントロールシークエンスです．文書クラスは，その文書の見た目を定めます．たとえばページ番号がどの位置に現れるか，文字のサイズはどのくらいか，といったことは，すべて文書クラスによって定められています．よって，文書作成者はそのようなことを気にせず，文書の中身の作成に専念することができます．上で用いた jsarticle は日本語の短い文書を書くための文書クラスで，レポートなどに適しています．本を書くための jsbook，縦書きにも対応した新しい日本語用クラスファイルである jlreq，英語文書のための article や book，アメリカ数学会の作成した論文用の amsart などがあります．

¥begin{document} と **¥end{document}** は，それぞれ，文書の始めと終わりを指定するコントロールシークエンスです．**¥begin{document}** より前では，タイトルや名前といった文書の「設定」を行い，ここに文書を書くとエラーになります．また **¥end{document}** より後に書いたものは無視されます．

¥begin{document} と **¥end{document}** の間に本文を書きます．コントロールシークエンス以外の入力はほとんどそのまま出力されます．ただし，11行目の「まずは」の前のように，一回だけの改行は基本的に無視されます．10行目の「残念ながら」の前のように空の行があると，LaTeX はここで改段落を行います．

残りのコントロールシークエンスの意味は以下の通りです．

¥title, ¥author, ¥date：タイトル，著者名，日付を指定します．ここでは指定するだけであって，出力はされません．

¥maketitle：著者や日付を含むタイトルを出力します．

¥section：節の見出しを指定します．より小さい節を表す，**¥subsection** や **¥subsubsection** もあります．

¥TeX：正しい書き方である「TeX」を表示します．なお，例では **¥TeX** と「に」の間に空白を入れました．この空白がないと「**¥TeXに**」というコントロールシークエンスであると解釈され，Undefined control sequence エラーが起こります．

6 ── 数式

数式を含む文書の例です．

```
¥documentclass{jsarticle}
¥begin{document}
$f_{0}(x)$ を連続関数とすると，
¥[ ¥frac{d}{dt}¥int^{t^{2}}_{a}
 f_{0}(x)dx = 2tf_{0}(t^{2})
¥]
が成り立つ．
¥end{document}
```

$f_0(x)$ を連続関数とすると，

$$\frac{d}{dt}\int_a^{t^2} f_0(x)dx = 2tf_0(t^2)$$

が成り立つ．

図 4 数式の出力例

出力は図 4 の通りです．数式には二種類あります．一つは上の $f_0(x)$ のような，文書中に表れる数式．もう一つは新しく行を作り，一行(以上)用いて表示される数式です．前者をインライン数式，後者をディスプレイ数式といいます．どちらの数式も，始まりと終わりを指定しなければなりません．インライン数式は **$** と **$** を用いて，ディスプレイ数式は **¥[** と **¥]** を用いて指定します．数式内では数式用のコントロールシークエンスを用いることができ，上では分数を表示する **¥frac** と，積分記号を表示する **¥int** を用いました．f_0 の 0 のような下付き添字は **_{}** を用います．中括弧内に添え字となる数式を入れます．上付きは **^{}** です．上記の例では，t^2 に使われているほか，積分記号 $\int_a^{t^2}$ にも使われています．

7 ―オンライン LaTeX エディタ

昔に比べて多くのソフトウェアがオンラインで使えるようになってきました．メールを見るのは専用のソフトウェアではなく常に Gmail で，なんて人も多いと思います．LaTeX にもオンラインで完結できるサービスがいくつか存在します．インストールせずに気軽に使うことができますし，インターネットへの接続環境さえあればいつでもどこでもほぼ同じ環境で作業ができるのはオンラインならではの魅力でしょう．また，サービスによってはほかの人と共同で文書を編集することもできるなど，インストールしての利用では不可能な機能もあります．

そのようなサービスはいくつかありますが，最もよく使われているサービスの一つがOverleafです．科学者に近代的な共同論文執筆環境を提供することを目標として2012年に始まった(当時の名称はwriteLaTeX)このサービスは，先ほど述べたような共同編集機能以外にも，他のウェブ上にあるサービスとの連携などオンラインならではのさまざまな機能を備えています．https://ja.overleaf.com/ からユーザ登録を行うことで使うことができます．登録の仕方はウェブ上にあるさまざまなサービスと大きく変わることはなく，あまり戸惑うことはないでしょう．Googleのアカウントなどと連携させることもできます．ファイルの編集は図5のような画面で行います．編集中のファイルはすべてオンライン上に保存されていますので，終了するときはブラウザを閉じてしまえばよいだけです．次にまたログインすれば，そのときの続きから作業することができます．

Overleafは海外産のサービスですが，株式会社アカリクが運営する国産オンラインLaTeXエディタCloud LaTeX(https://cloudlatex.io/ja)もよく使われているかと思います．国産なだけあり，日本語環境への対応は群を抜いており安心感があります．実はOverleafでは日本語の文書を処理するにはちょっとしたトリックが必要なのですが，Cloud LaTeXではそのような

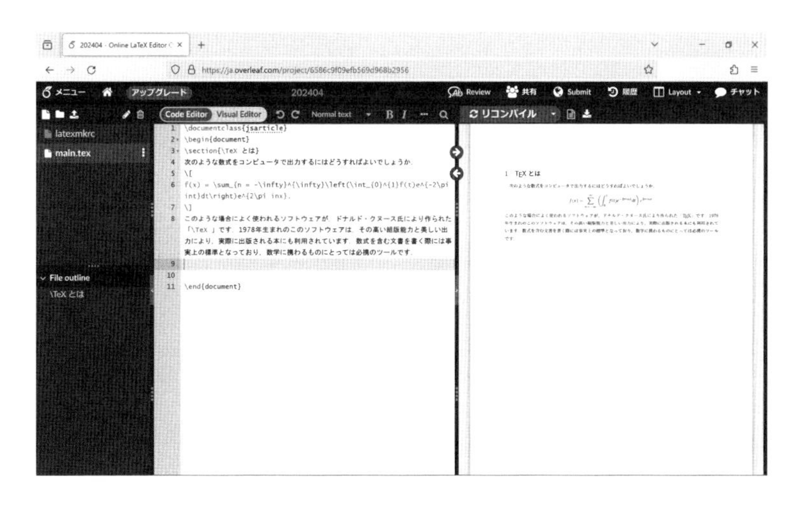

図5 Overleafの編集画面

必要はありません．一方でOverleafでは可能だったほかの著者との共同編集は実装されていなかったりと，若干の違いがあります．そのほか，Papeeria（https://papeeria.com/）やCoCalc（https://cocalc.com/）といったサービスもあります．OverleafとCloud LaTeXの違いのようにサービスによって特徴がありますので，いろいろと試してみて自分にあったサービスを利用してみるとよいでしょう．Overleafなどは有料プランもあり，無料プランよりも多くのことができるようになったりもします．

8—さいごに

大学などでのレポートは，提示された問題に対してその解答を提出する，というものが多いと思います．テストと大きく違うのが，ほかのものを参照しつつ考えることができる点でしょう．教科書はもちろん参照するでしょうし，友達と一緒に考えてもかまいません．Webなどを参照するのも自由です．

がんばって解こうといろいろと参照しながら考えているときに，「解答そのもの」が見つかってしまうかもしれません．「せっかく自分で頑張って解こうとしていたのに」とプライドが許さないならば見なかったこととし，引き続き考えても良いでしょうが，見つかった解答を自分なりに理解し，それをまとめても立派なレポートです．ただし，単に写すだけではいけません．レポートの一つの目的は，それを書くことにより講義で扱われた内容に対する理解を深めることです．単に写すだけでは理解を深めることにはなりませんし，場合によっては盗作扱いされてしまうこともあるでしょう．

そうして解けたと思ったら，いよいよレポート本体を書く段階です．書いていてよくわからなくなったと思ったら，それは実は解けていないからかもしれません．もう一度何ができていなかったのかを中心に考え直し，ごまかそうとせずにそれを知らない人にもわかるように丁寧に書いていきます．論理的な順番が逆転していないか，議論が飛躍していないか，また必要な定理の引用はきちんとできているか．必要ならば，最後に参考文献一覧をつけたり，また友人との相談の結果大きく進展を得たならば，その友人への感謝を記すのも良いでしょう．ようやくレポートの完成です．

LaTeXの出番は最後に書くときです．駆け足でLaTeXの紹介を行いましたが，これだけで大学のレポートを書き始めても，今までのコントロールシークエンスだけでは足りないことに気づくでしょう．ここではこれ以上の解説を行えませんので，後は適当な解説書やWeb上の情報などをを参考にしてください．TeX Wiki[2]にはTeXに関するさまざまな情報が集まっています．LaTeXに関する解説書は数多くありますが，ここでは奥村晴彦氏と黒木裕介氏による『LaTeX美文書作成入門』(技術評論社)[3]をあげておきます．

初めてLaTeXによる文書作成を見られた方は，少し面倒だなと感じられたかもしれません．実際慣れないうちは手書きよりも時間がかかるでしょう．もしレポートの提出期限が明日であるならば，LaTeXを覚えるよりも問題を考え，手書きで提出をしましょう．しかし，慣れてしまうとコンピュータで書くことによる利点を享受できるようになるはずです．一般的な利用法では，普段使うコントロールシークエンスはそこまで多くないでしょう．見た目は文書クラスに任せるので，文書作成に集中できます．また，数式番号などの自動配置，文献一覧の自動生成などのような，文書作成の手間を減らす機能も数多くあります．そして何よりがんばって考えた解答がきれいな形で仕上がってくるのは見ていても楽しいと思います．数式を含む文書を作成するソフトウェアとしては事実上の標準でもありますので，一度試してみてはいかがでしょうか．そのうち数式の有無にかかわらず，LaTeXでないと文書が書けなくなるようになる……かもしれません．

2）https://texwiki.texjp.org/

3）定期的に改訂されています．現在は『改訂第9版 LaTeX美文書作成入門』，技術評論社(2023)，ISBN 978-4-297-13889-9.

数学動画の視聴・配信のすすめ

古賀真輝
●甲陽学院中学校・高等学校

私は私立中高一貫校に数学科教諭として勤務しており，同時にYouTubeで高校や大学で学ぶ数学について動画配信をしています．初めて動画を公開したのは2014年です．その頃は数学に関する動画といえば，中学や高校の授業動画をあげている人が数人いた程度でした．今となっては，学生や大学の先生などさまざまな方が，算数から大学で学ぶような数学までいろいろなものを配信するようになっていて，私も大変嬉しく思います．コロナ禍をきっかけにはじめたという人もたくさんいらっしゃるようです．

今回は数学に関する動画を視聴したり配信したりすることについて話していきたいと思います．一配信者の意見になることは何卒ご了承ください．

さまざまな数学動画メディア

今となっては動画を視聴するサイトといえばYouTubeが一般的になっていますが，インターネット上で数学を学ぶ手段はそれだけではありません．まずはそのいくつかについて紹介しましょう．

- **放送大学**

日本では，放送大学が大学講義配信の先駆的な役割を担いました．いまも線形代数や微分積分などの基礎的な講義を，テレビやインターネット配信で視聴することができ，一般購入が可能なテキストともに受講できます．通信制大学に通う(あるいは科目等履修生となる)形で数学を学びたい場合におすすめです．

- **大学が運営するOCW**

大学での正規の講義や講演の映像，それに付随する講義資料などを無償で公開する活動のことを，OCW（オープンコースウェア)といいます．教育をすべての人に開かれたものとするため，2000年代初頭にマサチューセッツ工科大学(MIT)が始めました．現在は日本でも東京大学や京都大学などをはじめとするさまざまな大学でOCWサイトが運営されており，自由に視聴することができます．それぞれの大学のOCWサイトから検索をして，視聴したい動画を見つけることができます．OCWは，講演に関しては非常にバラエティ豊かな動画が公開されているように思います．しかし，数か月にわたって開かれる講義に関しては，撮影や編集のコストの問題で十分網羅性の高い内容がなかなか揃わないのが現状です．

- **個人のYouTubeチャンネル**

OCWも動画そのものはYouTube上で公開するという形を採っていることが多いですが，ここ数年で一気に増えてきたのが，個人の運営するYouTubeチャンネルでの動画です．それも，今までは趣味としての動画投稿が多かったのが，コロナ禍になったことで大学教員等による配信が増えました．履修登録している学生向けの動画を，ついでにYouTube上で一般公開する教員も現れるようになったのです．

- **大人向けの数学教室**

大人向けの数学の学習を支援する教室も増えています．個別指導から集団講義までを含めてさまざまな形態があり，Zoomなどでのオンライン講座も多彩な内容が揃っています．

社会人の学び直しなど，数学を学ぶということを習慣としたいならば，有料のサービスを利用するのが手でしょう．ここから先で扱うのは，上記の3点目に関してです．

数学の動画の探し方

動画を見るとなったら，まずはYouTubeで検索をすることになります．そのときにうまく検索しなければ，なかなか見たいタイプの動画を見つけることができません．というのも，検索ではどうしても「登録者数の多い配信者の動画」や「再生回数の多い」動画ばかり見つけやすくなってしまうからです．これはこれでとてもよいことなのですが，講義動画の検索の場合は見方を変えれば欠点となります．つまり，検索では見つけづらい，品質の高い動画が埋もれてしまうのです．特に大学の先生方があげてくださるような講義動画や，網羅性の高いシリーズ型の動画は，まだチャンネル登録者数が多くない，視聴回数が伸びづらいなどの理由で残念ながら見つけにくい状態になっているでしょう．そもそも，そのような動画はコロナ禍でようやく増えてきただけで，まだまだ発展途上で不十分であるのが現状です．

1分程度のショート動画が流行している昨今の風潮を考えても，1つのポイントや問題を解説した単発での動画が，日本の数学動画においてはまだまだ主流となっています．したがって，「イプシロン・デルタ論法」「準同型定理」などの具体的で短いキーワードを意識して検索をすると，より見たい動画が見つけやすくなるでしょう．

シリーズ型の動画は，YouTubeの機能である「再生リスト」(いくつかの動画を一まとまりにしたもの)で整理されていることが多いです．再生リストのみにフィルタをかけて検索することも有効です．また，英語の動画は日本語の動画に比べてはるかに連続講義も充実していますので，ぜひご覧になってみてください．

動画視聴のコツ

YouTubeの動画は無料であるがためにその視聴方法についても制限がありません．しかし，数学の動画を視聴するということは「学ぶ」ということですから，きちんと内容を理解するためには一定の注意も必要だと思います．

● **ノートをとる**

数学は式を眺めるだけではなかなか理解ができません．やはり書いていくことで自分の中に吸収されていきます．一時停止をして板書を写すことができるのも動画視聴のメリットであるので，ノートをきちんととっていきながら通常の講義と同様に視聴することをおすすめします．だらだら見てしまいがちなのが動画の欠点です．もちろん，寝転びながら見られるというのは裏返せば動画の楽しみ方の一つでもありますし，これ自体を否定するわけではありませんが，目的に応じたメリハリをつけた視聴が重要です．

● **手を動かす・考える**

通常では，説明される内容を理解したり板書を写したりすることで精一杯になりがちな数学の講義ですが，YouTube では動画を止めて自分なりに考える時間を作ることができます．命題の証明や具体例の計算などに関しては，実際に視聴する前にまずは自分で手を動かしてみると，より有意義に学習ができるでしょう．

● **動画の構成を把握する**

書物で調べ物をする際にもおそらく同様のことをしているはずなのですが，動画になるとなかなかしづらいのが，動画の構成を把握することです．講義動画は長いものも多いので，まずはざっと見出しなどをみて，どのような流れで何が説明されているか理解することも重要です．YouTube にあるチャプター機能(動画内で何分何秒に何の話が出てきているかという小見出しをつける機能)も積極的に活用しましょう．すると，必要に応じて取捨選択をして一部分だけ見ることもできますし，だらだら動画を見て情報が流れてしまうことも防げるでしょう．

● **誤りに注意する**

YouTube 動画はどのような人でも自由に配信できます．個人の主観が混ざっていたり，誤りがあったりする可能性が書物や生講義などと比べて高いので，常に正しいか考えながら動画を視聴するのがよいでしょう．疑問に思ったことなどはコメントに残して，積極的に議論するのがよいでしょう．もちろん，誤りがあるからといって頭ごなしに否定するのではなく，お互いリスペクトをもって接することがYouTubeでも重要です．

動画の活用方法

先ほども述べたような難点もあって，YouTubeだけを利用して数学を学ぶというのにはまだまだ障壁がたくさんあります．芯の通った主要な学習はやはり講義やゼミ，数学書を通じて行い，分からないところがあったりさらに詳しく知りたいところがあったりしたらYouTubeで検索をかけるというような補助的な道具として用いるのが良いのだと思います．

とはいえ，何気なく見た動画で，新しい興味・関心が引き出される出会いが多いのもYouTubeというSNSの良いところかもしれません．そのようなきっかけ作りには間違いなくうってつけであるので，積極的にさまざまな動画を見てほしいと思います．

動画配信の形式

自分が見たい動画がない場合は，いっそのこと自分で動画を配信するのはいかがでしょうか(笑)．そこで，数学動画を視聴する以外にも，数学動画を配信することについても皆さんにお勧めしたいと思います．

配信するにあたっては，まず どのような機材を用いて撮影するかを考えなければなりません．例えば次のような方法があります．

- **黒板や白板を用いる**

  私は自室にある90 cm×150 cmの白板を用いて撮影しています．講義に近い形で配信できるというメリットがありますが，そのような撮影環境を用意するのが難しいデメリットもあります．

- **書画カメラで手元の紙に書き込む様子を撮影する**

  紙や小さいホワイトボードなどを手元に置いて，それを書画カメラ

(あるいは三脚などを用いてスマホで)で撮影する方法です．手元のみの撮影で体や顔が写らないのもあって，白板よりは気軽に撮影できます．

- **タブレットにノートアプリを用いて書き込む様子を画面共有する**

  初心者にとって最も手軽で，活用している人が増えているのがこの方法です．ノートアプリに，予め作ったプレゼン資料などの PDF を取り込めば，その PDF に書き込みながら説明することもできます．書いたノートを保存できるので，資料として配布することもできます．

- **CG 動画を作成する**

  コンピュータ技術を駆使して動画を(時には音声も含めて)作成する方法です．技術は必要ですが，綺麗な動画を作成することができます．

画角の問題

配信する機材が決まり，いざ配信する際に考えなければならないのは画角の問題です．教室での講義であれば聴衆は広く黒板を見渡すことができますが，配信の場合は視野がかなり限られます．この一番の問題は，視聴者が一度に見ることのできる情報が限られるということです．ちょっと複雑な計算をやろうものなら，一瞬で板書が埋め尽くされて，前に板書した情報を参照するのが難しくなります．板書計画を綿密に練ることは必須で，視聴者に配慮してできる限りの工夫をする必要があります．私はできるだけ視聴者の負担を減らすために，前に書いて消えてしまった重要な数式を隅にテロップで表示させるなどの編集を加えることがあります．もしノートアプリ等を用いて配信しているのであれば，白板とは違って前に書いた情報は見えはしないだけで消えてはいないので，前の計算に戻ることも可能です．

視聴者は見たいものだけ見る

例えば YouTube には，再生速度を変えられる機能があります．視聴者は自分の能力や配信の内容に応じて再生速度を変えることができます．あるいは，いったん動画を止めたり飛ばしたりすることもできます．このように，録画配信の最大の特徴は，何を見て何を見ないかの選択や，どのような順番でどのような速度で見るかの選択が柔軟にできることにあります．そのため私は普段の配信では，

- 無理に同じことを繰り返したり間延びして話したりすることなく（視聴者は分からない箇所は自分で巻き戻してもう一度見ます），
- 余計な沈黙はカットして（行間のある議論など深く考えるべきところでは視聴者は自分で動画を止めます），
- 板書ばかりしている部分は早送り編集する（配信者が板書を書いている様子を写すよりかは，すでに書かれたものを動画を止めて写した方がストレスが少ないです）[1)]

などしています．視聴者が映像の視聴方法を変えられることを考慮して，どの層にとっても情報を受け取りやすくできるように，間延びすることも窮屈になることもなく，標準的で洗練された内容で配信をするように心がけています（もちろん，何が「標準的」かはある程度動画それぞれの内容にもよります）．

視聴者とのやりとり

数学を学んでいく上では，人との議論が重要です．YouTube 配信でも，視聴者とやり取りする方法はいくつか考えられます．

動画配信では，声を交えて視聴者と数学の議論をすることができません．その代わり，YouTube にはコメント欄があるので，そこで視聴者の方から動

1）これに関しては，配信者が板書する様子も同時に写す方が良いと考える人もいます．画面共有やスライドで，画面の中に板書しか見えないというのならそれでも問題ないのですが，カメラで撮影する場合は狭い画角に自分も写り込むので，板書している最中は基本的に邪魔で板書が見づらくなっています．

画の感想・ミスの指摘・別解などの意見を頂戴することがあります．そのようなものには積極的に返信し，ときには激しくコメント欄で議論することもあります．コメント欄でいただいた意見を，次回以降の動画でフィードバックしたり反映したりすることもあります．

配信では，講義をしている最中に視聴者と「空気」を共有するのは難しいです．生講義では，話している最中に聴衆の様子を伺って「あれ？ 計算ミスってる？」「ここまで理解してくださっているだろうか？」など雰囲気を受け取ることがとても大事です．しかし，録画の場合はそういうものは一切受け取ることができません．対面講義に慣れている人ほど，この点で配信に苦しむようです(自分の前にはカメラやパソコンしかないわけですから)．そのため，私は視聴者にどのような方がいるのかをある程度把握した上で，想像を膨らませ具体的にカメラの向こうにその中の一人が実際にいると思って，話すようにしています[2)]．

正確さには気をつけよう

YouTube で数学の配信をしていて，一番注意しているのは数学的なミスをしないことです．数学をしている人間としては当たり前なことですが，配信者としては結構敏感になる問題です．録画配信だと，途中でミスをしてしまうと修正するのが大変です．編集作業中に気づけば，わずかなミスであればテロップで編集を入れます．大きめなミスだと最初から撮り直さざるを得ないので，手間が一気に増えます．また，公開後に視聴者からの指摘などでミスが発覚した場合，YouTube のシステム上，コメントに訂正を残すことはできますが，動画そのものに手を加えることはできず，アップロードし直さざるを得ません．

YouTube は不特定多数の人が見ています．数学専門の方もいれば初学者の方もいます．それぞれの立場の人がそれぞれの立場から見ているので，あ

2）カメラの隣に適当な人形を置いて聴衆の代わりにしている人もいるようです．

る範囲の層に向けて話していても，その範囲外の人から想定外の質問や意見が飛んでくることは往々にしてあります．これは，視聴者層が定まっている講義や集会などでは起きにくいことです．もちろんある程度的を絞った動画を作らなくてはいけないので，すべての層の視聴者に伝わって，すべての層の視聴者を満足させる動画作りは難しいとは思います．しかし，数学という学問の性質上，数学に対して誠実であれば，それはすべての視聴者に伝わるはずです(そう私は信じています)．数学を楽しむ人間として，数学に対する真摯さや正確さを一番に心掛けて配信しています．

自分の自分による「自分のための」動画

対面授業だけしていた頃は，自分の授業を撮影することはほとんどなく(したがってもちろん自分の授業を見ることもできず)，自分の授業に対する評価は学生の反応や試験の結果からしか窺えなかったかもしれません．動画配信を始めると，嫌でも自分の動画を見なければなりません．撮ったばかりの動画を編集したり，数か月前の動画を何気なく見返したりすると，「ここはもう少し上手く説明できたなぁ」，「そういえばこんな考え方もできるなぁ」，「白板の前に立ってて板書が見えん！」などと次々と反省点が出てきます．自分の話しているところを見るのは恥ずかしいですし，自分の声を聴くというのも初めは気持ち悪いです．それでも，直接自分で自分の授業を評価できるようになるのは，ありがたいです．

そのような反省と実践を繰り返すことで，例えば数年前は視線が定まっていなかったのが，今では昔よりはカメラを見て授業できるようになりました．また，とにかくたくさん話せばいいというスタイルで詰め込みすぎていた内容を，できる限り絞って要点を丁寧に話すようになりました．細かいジェスチャーなども変わりました．

このように，動画を撮影することは研究者として必須である研究発表テクニックを磨くのにうってつけです．動画撮影は決して他の人だけのためにあるのではなく，一番は自分のためにあるのかもしれません．

とにかく一回撮ってみよう

私は実はiPhoneを用いて撮影しています．現代では，スマホでも十分な画質と音質で撮影することができます．編集も，カットや簡単なテロップであればスマホでできる時代です．スマホと三脚が最低限あれば，誰でもYouTubeなどに動画を投稿することができます．

何事もやり始めるのが一番難しいですし，初めはそのようなものが配信されることに抵抗があるかもしれません．それでも，とりあえず撮ってみましょう．思いのほか簡単だ，となるかもしれません．

私自身もたくさんの数学動画を視聴してその恩恵を享受していますが，「こんな内容を学べる動画があったらいいな」と思うことがしばしばあります．その中で自分で作成できそうなものは実際に作ってみますが，自分では作れない内容も多々あり，やはりまだまだ飽き足らないのです．数学動画の可能性は広がり始めたばかりで，数学動画を増やしていただけるような人はまだまだ必要です！ 数学動画をよりたくさんの人が配信しそして視聴することで，この数学動画コミュニティの輪が広がっていくことを心から願っています．それは回り道であれ，現代の数学の土壌を豊かにしていくことにつながっていくでしょう．

数学ソフトウェアのすすめ

濱田龍義
●日本大学生物資源科学部

1—数学ソフトウェアとは

数学ソフトウェアとは，数学を学び探求することを支援するためのソフトウェアです．研究や教育を目的に，さまざまな数学ソフトウェアが世界中で開発され続けています．「オープンソース・ソフトウェア[1)]」として公開されるものも多いようです．数学ソフトウェアと言うと，PC 上で動くものを連想するかもしれませんが，最近ではスマートフォン上で動くアプリがいくつも公開されています．最新のスマートフォンの性能は，数年前の PC と同等と言っても良いでしょう．ここではスマートフォンアプリ **GeoGebra 数式処理**について紹介します．まずは，スマートフォン上で楽しんでみて，もし，気に入ったら，PC で全機能版の **GeoGebra Classic** を試してみてください．

1）プログラムのソースコードが公開されており，自由に学習，編集，配布することができるソフトウェアのことです．数学を探求する上で，ソフトウェアの内部構造を調べられるということは，とても重要なことです．

2 ―GeoGebra

GeoGebra[2)]はオーストリア，ヨハネス・ケプラー大学のMarkus Hohenwarter教授を中心とする国際的なチームによってオープンソース・ソフトウェアとして開発されている動的数学ソフトウェアです．日本語を含む数十か国語に翻訳されており，世界中で教育利用されています．

コンパスと定規を模したツールを備える動的幾何学ソフトウェア，もしくは対話的幾何学ソフトウェアと呼ばれる分野があります．単に図を描くだけであれば，コンピュータを使う必要はないのですが，ダイナミック(動的)に，対話的に図を自由に動かせることから，このような名前で呼ばれています．

GeoGebraは，1990年代に動的幾何学ソフトウェアとして出発しました．現在では，幾何学だけでなく，数式処理や統計処理，3Dや複素平面にも対応した総合的な数学ソフトウェアとして開発されています．もともとは，PC上で動作するソフトウェアでしたが，Webブラウザ上で動作するものや，スマートフォン，タブレットで動作するものも公開されています．スマートフォンで動作するGeoGebraのうち，特に数式処理システムの利用を可能にしたものが**GeoGebra数式処理**です．コンピュータ上で数式を記号的に処理するソフトウェアのことを数式処理システムと呼びます．コンピュータ，すなわち計算機上で代数計算を実現しているので，計算機代数システムと呼ばれることもあり，英語ではComputer Algebra System，略してCASと呼ばれることが多いようです．数式処理のほかにも**GeoGebra空間図形**という空間図形に対応したアプリも存在しますので，多変数関数のグラフや媒介変数曲面の描画も可能です．ほぼすべてのスマートフォンでグラフ描画や数式処理システムが手軽に使えるというのは魅力です．続いて，実例を挙げて使い方を解説します．

2）https://www.geogebra.org/

2.1●GeoGebra 数式処理

iPhone の方は App Store (図 1)から **GeoGebra 数式処理(CAS)**，Android の方は Google Play(図 2)から **GeoGebra CAS (数式処理)**を無料でダウンロードできます．

図 1　App Store

図 2　Google Play

2.1.1　Graphing 数式処理の基本

以下，iPhone を前提に解説します．iPhone で GeoGebra 数式処理を起動すると図 3 のような画面が表示されます．

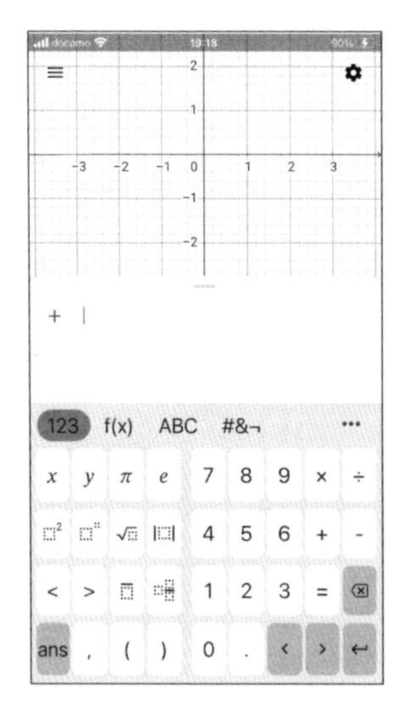

図 3　起動画面

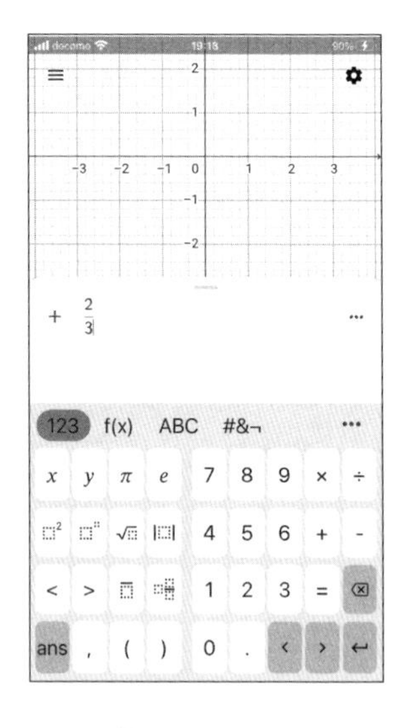

図 4　入力画面

＋マークの右側が入力欄です．入力欄の｜はカーソルと呼ばれ，入力待ちの状態を表しています．カーソルの位置に関数を入れるだけで，関数のグラフを描くことができます．分数の入力も，[2]→[÷]→[3] の順序でキー入力すれば，$\dfrac{2}{3}$ が表示されます(図4)．右方向キー [>] を入力することで，分数入力状態から抜けられます．右方向キー [>] により，$\dfrac{2}{3}$ を x^2 の係数として入力してみましょう．[x] キーを押した後に，[$\square^2$] キーを押してください．3乗以上のべき乗については [$\square^\square$] キーを使います．入力された式の右側の3点メニュー [⋯] にタッチすれば，削除や設定(グラフの色やスタイル，太さの変更など)ができます．

キーボードメニューは「数字」,「関数」,「アルファベット」,「記号」, と「ギリシャ文字」の5種類が用意されており,「ギリシャ文字」はアルファベットの左下隅から呼び出すことができます(図5〜8).

123	f(x)	ABC	#&¬					•••
x	y	π	e	7	8	9	×	÷
$\square^2$	$\square^\square$	$\sqrt{\square}$	$\lvert\square\rvert$	4	5	6	+	-
<	>			1	2	3	=	⌫
ans	,	(	)	0	.	‹	›	↵

図5　数字

123	f(x)	ABC	#&¬			•••
sin	cos	tan	%	!	$	°
$\sin^{-1}$	$\cos^{-1}$	$\tan^{-1}$	{	}	≤	≥
ln	$\log_{10}$	$\log_{\square}$	$\frac{d}{dx}$	∫	i	⌫
$e^{\square}$	$10^{\square}$	$\sqrt[\square]{\square}$	$\square_{\square}$	‹	›	↵

図6　関数

123	f(x)	ABC	#&¬						•••
q	w	e	r	t	y	u	i	o	p
a	s	d	f	g	h	j	k	l	
⇧	z	x	c	v	b	n	m	⌫	
αβγ	,	(	)	‹	›	↵			

図7　アルファベット

123	f(x)	ABC	#&¬				•••
∞	≟	≠	∧	∨	→	¬	⊗
∥	⊥	∈	⊂	⊆	∠		
[	]	:	&	@	#	¥	⌫
;	'	"	′	″	‹	›	↵

図8　記号

例題 1 ●$f(x) = x^3+1$ のグラフを描いてみましょう．（うっかり $f(x) = x^{3+1}$ を描いていませんか？）

例題 2 ●$f(x) = x^3+1$ に対して，導関数 $\dfrac{d}{dx}f$ を計算してみましょう．「関数」キーボードから $[\frac{d}{dx}]$ キーを押すと，Derivative(|) と表示されます．あとは「アルファベット」キーボードから f を入力すれば，導関数を求めることができます．

大学の微分積分では，三角関数の逆関数として，逆三角関数 $\sin^{-1}x$, $\cos^{-1}x, \tan^{-1}x$ が紹介されます．こちらについても，「関数」キーボードで対応しています．なお，関数を入力するときは $\sin^{-1}(x)$ のように変数を丸括弧で括ります．

例題 3 ●逆正弦関数 $g(x) = \sin^{-1}x$ のグラフを描いてみましょう．

例題 4 ●逆正弦関数 $g(x) = \sin^{-1}x$ に対して，導関数 $\dfrac{d}{dx}g$ を計算してみましょう．

一般に高校までは，丸括弧(parentheses) ( )，角括弧(brackets) [ ]，波括弧(braces) { } と呼ばれる括弧は，入れ子になった式を見やすくするために使われてきたと思いますが，大学の数学では，角括弧や，波括弧を別の意味で用いることが多いので[3)]，数式の入れ子は丸括弧のみを使うことが多いようです．

コンピュータに数式を入力する際，一般に括弧の違いは大きな意味を持ちます．GeoGebra は，入力欄に関数だけでなく，「微分しなさい」とか，「積分しなさい」という意味の命令を入力することができます．キーボード右上の 3 点メニュー [...] にタッチすることで，任意の命令を一覧から呼び出す

3）ブラケット積 $[X, Y]$ や集合 $\{a, b, c\}$ など．

こともできます．例えば，微分や積分等の命令は「関数と解析」というメニューに収録されています．何を微分するかということを丸括弧 ( ) の中に入れて指定します．丸括弧の中に入っている部分を引数もしくは引数リストと呼びます．先ほどは，入力した関数 $f(x)$ に対し「関数」キーボードの $[\frac{d}{dx}]$ キーを用いることで導関数を求めました．これを命令で書き表すと，Derivative(f) となります．なお，間違った形式の引数を入力すると，使い方を表示してくれます．また，最初の数文字を入力してから，メニュー [⋯] にタッチすると，その文字列で始まる命令のリストを表示します．関数 f の不定積分は「関数」キーボードの $[\int]$ でも良いですし，キーボードから Integral(f) と入力することでも計算することができます[4)]．ここでは命令の先頭の文字を大文字にしていますが，命令に関しては，大文字小文字を区別していないので，小文字だけで derivative(f) や integral(f) と入力しても問題ありません．また，定積分の範囲を指定することもできます．この場合は，

Integral(<関数>，< x の開始値>，< x の終了値>)

と指定します．

例題 5 ●関数 $h(x) = \dfrac{1}{x}$ に対し，不定積分

$$\int h(x)dx$$

を計算してみましょう．

計算結果は $\ln(|x|)$ と表示されます．計算結果と同時に表示される c_1 は積分定数ですので，スライダーを用いて変更することができます．一般に数学では，自然対数(natural logarithm)を，底 e を省略して $\log x$ と書きますが，コンピュータ上では $\ln x$ で表すことが多いようです．対数関数を入力するときも，「関数」キーボードの [ln] を用います．

例題 6 ●関数 $h(x) = \dfrac{1}{x}$ に対し，定積分

4）ただし，どんな関数でも積分できるわけではありません．

$$\int_{\frac{1}{e}}^{e} h(x)dx$$

を計算してみましょう．

数式処理システムによって原始関数が得られる場合には，原始関数を用いて定積分が計算されます．しかし，以下の例のように初等関数で求められない場合，不定積分は「?」と表示され，定積分は数値計算によって近似値が表示されます．

例題 7 ●関数 $p(x) = \dfrac{\sin x}{\log x}$ に対し，不定積分

$$\int p(x)dx$$

を計算してみましょう．

例題 8 ●関数 $p(x) = \dfrac{\sin x}{\log x}$ に対し，定積分

$$\int_{2}^{3} p(x)dx$$

を計算してみましょう．

GeoGebra 数式処理は有理数の計算にも対応しています．例えば，$\dfrac{1}{2}+\dfrac{1}{3}$ を計算したとき，$\dfrac{5}{6}$ と結果を表示します．右側に表示されたボタン ≈ を押すと，数値計算によって計算された浮動小数点数[5]が近似値として表示されます．また，近似値が表示されている状態で右側に表示されたボタン にタッチすると，もとの有理数表示に戻すこともできます．これは初歩的な例ですが，整数や有理数，浮動小数点数の取り扱いというのは，数学ソフトウェアを使う際に，必ず心がけておかなければいけないことです．

5）コンピュータ上での数値表現方法の一種．

2.1.2 テイラーの多項式

大学の微分積分ではテイラーの定理と呼ばれる定理が紹介されますが，それに関係してテイラー多項式を計算してみましょう．与えられた関数のテイラー多項式を計算する命令は TaylorPolynomial[ ] です．k 回微分可能な関数を，与えられた点のまわりで k 次の多項式によって近似することができます．それではいったん作業を「すべて消去して」新たに作成してみます．

（1） 画面左上メニュー ☰ から「すべて消去」で作成した内容を削除できます．
（2） 入力欄に k = slider (1, 5, 1) を入力し，Enter キー ↵ を押します．
（3） 最小値 1，最大値 5，増分 1 のスライダーが作成されます．k はテイラー多項式の次数です．
（4） 関数 $f(x) = e^x$ のグラフを作成します．
（5） 命令 taylorpolynomial(f, 0, k) を入力して，関数 $f(x)$ の，$x = 0$ における k 次テイラー多項式を求めます．
（6） スライダーの値を変更して，描かれたグラフや計算結果を観察してみましょう（図 9）.

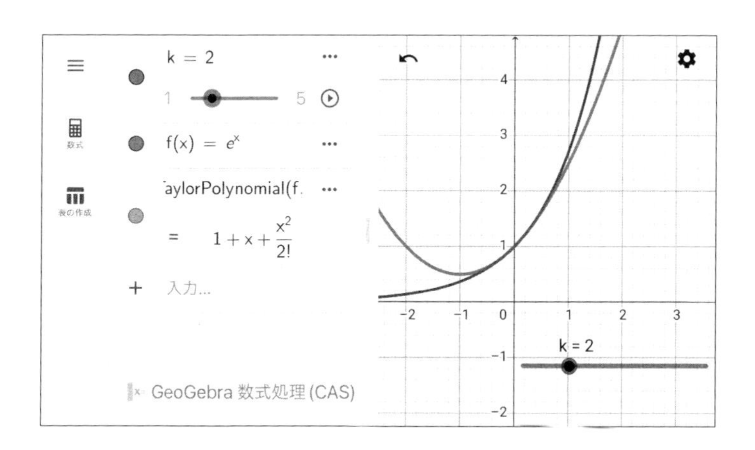

図 9 $x = 0$ における 2 次テイラー多項式のグラフ

2.1.3　ファイルの保存について

作成したテイラー多項式のグラフを保存してみましょう．メニュー ≡ から「共有」を選択すると，ファイルに保存することができます．

2.2●PC 版 GeoGebra について

PC 版の GeoGebra を用いれば，手軽に 3D，統計，CAS(数式処理システム)機能を利用することができます．

PC 版の GeoGebra は，Web アプリ版とインストール版の 2 種類があります．インターネットに接続しているのであれば，公式サイト[6]に接続するだけで，「関数グラフ」や「数式処理」など，それぞれの機能に特化した GeoGebra を利用できます．最初は全機能版のクラシック 6 を利用すると良いでしょう．Web 上の教材集からダウンロードしたファイルに対して，「作成手順」を調べることで作り方を学ぶこともできます．2 変数関数のグラフや，媒介変数曲面，接平面を描いたり，グレブナー基底を計算することもできますし，PGF/TikZ などの TeX 用描画パッケージのソースに変換し，レポートや論文に挿入する図の作成にも使えます．なお，3D については PGF/TikZ には対応していないので，PDF にエクスポートして LaTeX に取り込むのが良いでしょう．

PC 版 GeoGebra は「曲線と曲面」，「複素関数論」，「統計学」の学習にも役立つはずです．拙作の「動的数学ソフトウェア GeoGebra 入門」[1]において，主な例を紹介しています．

オフラインでも利用したい方は「アプリのダウンロード」を行い，PC にインストールすることも可能です．

3 ― CoCalc

主に PC での利用になりますが，本格的に研究に数学ソフトウェアを使い

6）https://www.geogebra.org/

たい方のために，**CoCalc** についても紹介しておきます．CoCalc はクラウドサーバ上に公開された **Sage** 環境です．以前は SageMathCloud と呼ばれていました．Sage は計算機数論で有名な数学者 William Stein によって 2004 年頃から開発が始められました．プログラミング言語 **Python**[7] を用いてさまざまなオープンソース・ソフトウェアの数学ソフトウェアを統合する環境としてスタートし，現在では，大勢のプログラマ，数学者からなるチームによって開発が進められています．もちろん，Sage 自体もオープンソース・プロジェクトです．チュートリアルの日本語訳[8] が公開されていることもあり，日本でも徐々にユーザが増えています．

Web ブラウザから

https://cocalc.com/

にアクセスするだけで，誰でも自由に無料でアカウントを作成し，利用することができます．つまり，Web ブラウザとネットワークさえあれば，インストールをせずにさまざまな数学ソフトウェアを使うことができるわけです．また，商用プランも用意されており，記憶容量や利用 CPU を増やすこともできます．外部ネットワークへの接続は，商用プランに限られていますので，「GitHub[9]」や「Bitbucket[10]」などの協調バージョン管理サービスとの連携を考えている方は，購入を検討する価値があります[11]．

数式処理やグラフ描画だけではなく，統計環境 **R** や組版環境 LaTeX，**Linux**[12] のシェルも用意されており，論文を共同で執筆したり，添削したりということも可能です．

Engine を LuaTeX に変更して，以下の宣言をすることで日本語 TeX 環境

7）現在，機械学習等でも注目を浴びているプログラミング言語です．CoCalc でも勉強できるので，ぜひ，挑戦してみてください．

8）https://doc.sagemath.org/html/ja/tutorial/

9）https://github.com/

10）https://bitbucket.org/

11）論文の執筆などを共同作業で進める際にも便利です．

12）2024 年 1 月現在，「Ubuntu 20.04.06」です．

LuaTEX-ja[13]を利用できます．

```
\documentclass{ltjsarticle}
```

4―終わりに

数学を学び探求することを支援するソフトウェアを紹介してきましたが，ここ数年で大きくユーザ数を伸ばした数学ソフトウェア環境があります．それは，iPad＋Apple Pencil の組み合わせです．今や学生からプロの数学者にいたるまで，急速に普及しつつある数学ソフトウェア環境です．特に著名なノート作成ソフトとして **Goodnotes**[14]や **Notability**[15]がよく知られています．私個人は，オンライン講義における音声収録を考え，Notability を選択しました．今も講義ノートの作成や研究用途で愛用しています．Notability は録音された音声に合わせてノートを段階的に表示することもできるため，教材を作成する際に重宝しました．また，Apple のクラウド環境である iCloud との連携も良くできていますので，通勤中に iPhone で自分の講義ノートを確認したりなど，活躍しています．このようなノートアプリはそれぞれ使用感が異なります．実際に使ってみて自分に合うものを探すのが良いと思います．iPad は決して安価な買い物ではありませんが，興味のある方は試してみるのも良いと思います．

最後に手前味噌ですが，

https://www.mathlibre.org/

にアクセスしてもらえれば幸いです．**MathLibre** は DVD 起動型の Linux に数学ソフトウェアをインストールしたもので，DVD を PC に入れて再起動するだけで，Sage を含む 100 以上の数学ソフトウェアを使うことができます．CoCalc のような手軽さはないのですが，研究に使われている数学ソ

13) https://github.com/luatexja/luatexja
14) https://www.goodnotes.com/
15) https://notability.com/

フトウェア環境が自由に手にはいるという意味では，十分に有効だと思っています．DVD からの利用では動作が少し遅いという方には，VirtualBox[16] などの仮想環境がおすすめです．

以上，駆け足でしたが，これをきっかけに数学ソフトウェアの世界を楽しんでもらえたら幸いです．

参考文献

［1］濱田龍義，「動的数学ソフトウェア GeoGebra 入門」．
https://www.geogebra.org/m/W6q3tP6v

16）https://www.virtualbox.org/

理系大学生に必要なプログラミングとは
Pさんとの対談から

横山俊一
●東京都立大学大学院理学研究科

以下はプログラミングに興味のある理系のPさんと，日頃からプログラミングをしている数学者の横山さん(筆者)との対談です．

1 ―プログラミングにおける「5箇条の御誓文」

Pさん●こんにちは，今日はよろしくお願いします．
横山●こちらこそ，よろしくお願いします．
Pさん●さていきなり直球の質問なのですが，理系，とくに数学を志す大学生のみなさんがプログラミングを始めたいと思ったとき，これというアドバイスはありますか？
横山●わお，直球ですね(笑)．わかりました．率直に申し上げますと，僕は自分自身に以下の5箇条を課しています．これは僕の研究室の学生さんにもお願いしていることです．

（1） まずは数学(もしくはご自身の専門科目)をしっかり勉強すること．
（2） 何でもよいので1つのプログラミング言語をしっかり勉強すること．
（3） つまずいても「自分はプログラミングが苦手だ」と思い込まないこと．

（4） 最初から「きれいなコード」を書こうとしないこと．

（5）「大変な計算 = すごい結果」だと思わないこと．

Pさん●5箇条ですか…たしか日本史の授業で似たようなものがあったような．

横山●5箇条の御誓文，ですね(笑)．

Pさん●あ，それです(笑)．

2―プログラムが正しいと理解できる知識力

Pさん●すみません，脱線しましたが，では1つずつ詳しいお話を聞かせてください．ではまず1つ目の「まずは数学(もしくはご自身の専門科目)をしっかり勉強すること」です．これはプログラミングと関係あるのでしょうか？

横山●あります，というか大ありです．ちなみに僕は数学者なので，数学の分野の話をしたいと思いますが，数学って厳密な理論を積み重ねることで成り立つ学問ですよね．個人的な感想ですが，プログラミングはこれと同等に厳密な論理体系でして，たった1つの誤植でも動いてくれません．つまり，完璧な結果が求められるわけです．なので，数学系なら数学の分野でこういった訓練をしておかないと，まともなプログラムを書くことはできないと思います．

Pさん●でも数学系でなくても，プログラミングが得意な友人に頼むとか….

横山●そう，そこなんです．一番大事なことは「計算したいことがきちんとプログラミングで正しく出力されているかを，理論的に判断できるか」という点です．コードが動いたとしても，計算結果が間違っていればそれは無意味ですよね．だからこそ，理論的に大丈夫だ，と判断できる知識力が大切だと考えます．

Pさん●なるほど，理解しました．では2つ目「何でもよいので1つのプログラミング言語をしっかり勉強すること」についてお聞かせください．

横山●最初からたくさん欲張って勉強していると，細かい部分がおざなりになります．最先端のプログラミング言語は華々しく見えますが，古典的なものを愚直に勉強することも大切だと思います．これまではC言語(もしくはFortran)が入門言語でしたが，最近ではより書きやすいPython，もしくはJuliaなどもよいかもしれません．

Pさん●Juliaは初めて聞いたのですが，どのような点でオススメなのですか？

横山●よく「Pythonのように書きやすく，Cのように速い」と言われています．最近ではCの速度を超えることもあります．ちなみに関連した内容を『数学セミナー』の記事[1]に書いたので，よろしければご覧ください(笑)．

Pさん●宣伝ですね(笑)．

3―プログラミングはパーソナル

Pさん●では3つ目「つまずいても『自分はプログラミングが苦手だ』と思い込まないこと」です．これはやや精神論的ですが，共感しやすい意見ですね．

横山●そうですね．数学とプログラミングは結構似ていて，どうしてもうまくいかない局面が必ず訪れます．これは20年以上やってきた僕でもいまだにあります．そのときにSNSなどを見ると，オンラインの競技プログラミングなどで華々しいスコアを出している人に嫉妬することもあります(笑)．でも他人は他人，自分は自分で，ゆっくりやればよいと思っています．もっと言えば，数学者は互いのノウハウを持ち寄って共同研究をすることがありますが，その中でプログラミングをやる部分についてはだいぶパーソナルでして，たいていプログラムを組むのは共同研究者のうち1人です．他人の数学の論文を読んで理解することよりも，他人のプログラムを読んで理解することのほうがよっぽど難しいと個人的には思います．だからこそ，プログラムを書く人自身が「数学的にきちんと正しい」ことを判断できるスキルをもっていることが大切です．これは1つ目のアドバイスにも通じますね．

Pさん●横山さんはこういう場合，プログラミングをする立場なのですか？

横山●そうですね．これまでほぼ例外なくそうだったかなと思います．ただ最近1つだけ，2人でやったものがあります．それはそれで新鮮な体験でした．

Pさん●数学者としてではなく，単にプログラマーとして使われているだけなのでは，と思ったりしないのですか？

横山●Pさんは常に直球ですね(笑)．ええ，実はだいぶ前に「君は本当の数学者になれなかったから計算機を使う人になったんだ」と言われたことがあります．これは僕にとってだいぶショッキングな出来事でしたが，そのときに「プログラミングを頼むなら日本中でこの人だ」と思われる人になろうと決めました．その結果は，今の自分が証明しています．何かを究める，というのはとてもよいことだと思いますし，最近ではプログラミングのできる数学者は活躍の場が多いと感じています．もちろん，卒業・修了して社会人になる学生さんにも同じことが言えると思います．

Pさん●ちなみにちょっと脱線するのですが，大学何年生でここまで勉強しておいたほうがよい，というプログラミング言語はあるのでしょうか？

横山●多少は勉強の経験があると助けになるのではないかと思います．例えばCとPythonを両方知っているととてもよいかもしれません．ただし，僕のように専門的な計算をしたい場合は，これらをベース言語として使う数式処理ソフトウェアを使います．例えばMagmaやSageなどがそれです．このうちMagmaについては[2]によい解説記事があります．そういえば濱田龍義先生も似たような記事(218〜229ページ)を書かれていたような….

Pさん●先ほど拝読させていただきました(笑)．

横山●さすがです(笑)．ちなみに僕は高校時代，濱田先生が勤められていた大学でRubyというプログラミング言語を教わったことがあります．ご本人は覚えておられないようですが(笑)．

Pさん●もう20年以上前ですからね(笑)．

4 ── まずはコードを書き切る

Pさん●さて本題に戻りましょう，4つ目「最初から『きれいなコード』を書こうとしないこと」です．これはちょっと意外でした．

横山●これはよく誤解されがちなので，そう思われるのもわかります．数学って「シンプル・イズ・ベスト」な風潮があって，とくに私が専門にしている整数論はこの傾向が強いと感じます．なのですが，数学もプログラミングも同じで，一発で完成形を得られることはほぼ皆無です．言い方を変えると，きれいなコードを書こうと粘ると，結局1行も書けなくなります．これは数学も同じで，最初とても複雑になったものを彫刻のように削ぎ落とすことで本質が得られる，というのが数学的営みだと思っています．プログラミングもそうで，まずは「とにかくエラーが出てもよいから書き切る」ことが大切で，その後ひとまず「動く」コードにすることを目指します．そこに自分の書いた「動く」コードがあれば，あとはそれを美しくしていけばよいのです．これは研究活動において，精神衛生上も大事なことだと思います．最後に，そのコードが本当に(数学的に)正しい結果を返しているかを検証します．これも1つ目のアドバイスに通じます．ちなみにプロフェッショナルはその後「これ以上高速化できない」プログラムに改良していきますが，これは研究の時期に体験できるお楽しみですね(笑).

Pさん●ちなみに横山さんは「一発できれいなコードが書けた」経験はありますか？

横山●ないです(笑)．もしかすると世の中にはいらっしゃるかもしれませんが，心から羨ましいなと思っています(笑).

5 ―プログラミングは十人十色

Pさん●それでは最後の5つ目「『大変な計算 = すごい結果』だと思わないこと」です．これはどういう意味なんでしょうか？

横山●これはシンプルで，プログラミングをする目的は十人十色ですから，実装する環境はスーパーコンピュータを使う研究から，スマートデバイス(例えばスマートフォン)のようなものまであります．世の中では世界記録を出したとか，何年かかったとか，華々しい研究成果が日々発表されています．それはもちろん素晴らしいのですが，一番大切なのは「自分が関わった問題を・自分の手でプログラミングし・自分の結果として世に送り出す」ことだと思っています．なので，規模感はまったく関係ないよ，というメッセージです．ちなみに私は大小両方経験しましたが，どちらもとてもよい経験だったと思っています．

Pさん●それでも強いて言えばどちら…みたいな．

横山●Pさんには負けました(笑)．実はいわゆる数十コアを使って計算をした経験は30代になってからです．これは「誰も計算できないものだから我々で計算して共有しよう」という純粋な動機です．一方で，20代は「高価な計算機がない環境でも高速に動くものを作ろう」という動機で研究をしていました．純粋にそれだけですね．どちらも貴重な経験でしたので，これからプログラミングを志す方は，どちらの道か，ご自身の興味に応じて進まれるのがよいかと思います．

6—二刀流のすすめ

Pさん●それでは5箇条のほかにいくつか質問させてください．まず最初に，横山さんが「プログラミングをやっていてよかったな」と思ったことはありますか？

横山●もちろんプログラミングを使って数学に貢献できること，共同研究者をはじめ世の中の役にたてることが大きいですね．一方でパーソナルな部分では，いわゆる「二刀流」でいてよかったと思っています．数学の研究で煮詰まったり飽きてしまったときは，プログラムを書くことでリフレッシュできます．逆にプログラミングで煮詰まったり飽きてしまったとき，新しい数学のアイデアや別のプログラムのアイデアがひらめくこともあります．しかも両者の頭の使い方は(論理を究めるという意味でも)とても似ているので，スムーズに移行できます．これは僕の数学人生で大きな支えになりました．なので学生さんには物怖じせず，ぜひとも「二刀流」を目指してもらえればと思います．

Pさん●では私は「三刀流」になれるよう頑張ろうと思います(笑)．

7 ― どうやってプログラミングを学ぶのか

Pさん●さて次の質問ですが，プログラミングを始めようと思ったとき，何かこういった文献を読んだ方がいいというアドバイスはありますか？ 例えばオススメの教科書や雑誌，もしくはインターネットのウェブサイトなど….

横山●この質問はよくいただきます．実際，僕は本務校の数理科学科3年生向けに毎年C言語を教えていますが，参考書としていくつかの文献を挙げています．ですが…ここは直球なPさんとの対談ですから正直にお話ししますね．僕自身としての答えは「解なし」です(笑).

Pさん●か，解なし？

横山●はい．言いかえれば「何が一番しっくりくるかは人それぞれなので答えはない」といったところでしょうか．というより，僕自身がだいぶ変わった形でプログラミングの勉強をしてきたからかもしれません．

Pさん●そのあたり，もう少し詳しくお聞かせください．

横山●わかりました．その前にひとつ逆質問をさせてください．Pさんがプログラミングの参考書を本屋さんに買いに行ったとしますよね．その際，本を選ぶときに何を決め手にしますか？

Pさん●うーん，初心者なら「これならわかる」とか「やさしい」みたいな言葉がついている本ですかね．あとは値段があまり高くないものとか(笑).

横山●わかります．実際，僕も講義の参考書にはよく似たような本を選びます．そして実際にわかりやすいですし，重版が続いているものも多いですよね．

Pさん●じゃあ，横山さんも最初はこういった本で勉強を….

横山●いえ，実はそうではないんです．僕はプログラミングをすべて独学で学びましたが，最初いくつか買った初心者向けの本，すべて挫折しました(笑)．もちろん今では，これらの本はとても懇切丁寧に書かれていることはわかりますし，初心者の方にも自信をもってオススメしています．ただ僕は，本を読んで独学するというスキルがなかったのでしょうね．

Pさん●ではどうやってプログラミングのスキルを身につけたのですか？

横山●自分の好きなこと・自分の趣味につなげて学ぶ，ということを心がけていました．僕が初めてプログラミングを経験したのは中学生のときでしたが，当時BASICというプログラミング言語でテトリス(ブロックをうまく埋めて消すゲーム)を作ったりしていました．高校生になると，プログラミングに関係する娯楽雑誌を読み漁っていました．これはいわゆる専門誌ではなく，デジタルコンテンツを作るためのサブカルチャー的な雑誌でした．つまり僕は王道からだいぶ外れたところで，興味のあることしか勉強していませんでしたね．

Pさん●それでプログラミングのスキルは身につくんですか？

横山●もちろん，これだけだと部分的にしか身につきません．ただ「何かを作りたい」という思いが強くなると，人間って頑張るんですよね．例えば「この部分を動かすにはこれを勉強しないと」というふうに考える．後からどんどん基礎的な内容を勉強していって，最終的に全体を知るという勉強法です．一般に教科書は初歩からの積み上げ型になっていて，これが性に合っている方も多いと思いますが，その逆の身につけ方もあってもよいと思っています．それくらいプログラミングは自由なものですから，ご自身が「こう勉強したい」というスタンスは曲げない方がよいと思っています．この点は，実は数学にも一部通じるところがあると思っています．

8──おわりに

Pさん●ではそろそろ締めの質問です．某TV番組のような質問で恐縮ですが(笑)，横山さんにとって，プログラミングとは何ですか？

横山●紙飛行機です．

Pさん●は？

横山●ふふ，ちょっとカッコつけました(笑)．まぁでもこれは本音です．紙飛行機って，実はとっても繊細ですよね．ほんの少し尾翼が曲がっていても，ほんの少し飛ばす角度がずれていても綺麗に飛んでくれない．遠くまで飛ぶことはもちろんですが，飛んでいる軌道の美しさ，そして紙飛行機そのものの美しさも大事ですよね．紙飛行機を折っているときがプログラムを書いているとき，紙飛行機を飛ばすときがプログラムを実行するときに対応していると思っています．究極の紙飛行機を折り，達人の飛ばし方を習得することを目指して，日々努力しています．

Pさん●最後にキレイに締めていただきありがとうございました．では最後に，プログラミングは楽しいですか？

横山●はい，もちろん(笑)．

参考文献

［1］横山俊一,「部屋とパソコンと私／Juliaでめぐる計算機数学の世界」,『数学セミナー』2020年10月号(日本評論社)，pp. 24-27.

［2］原田昌晃・木田雅成,「Magma」,『数学セミナー』2010年9月号(日本評論社)，pp. 44-47.

セミナーの準備はここまでしておきたい！

河東泰之
●東京大学大学院数理科学研究科

数学科の4年生，大学院では普通セミナーと呼ばれるものをやることになっています．大学によってはもっと早くからやることもあります．形式は，ある本(英語であることも多い)の内容について数人の学生が順番に，先生の前で1〜2時間ずつ発表するというものです．先に進むと，新しい論文や自分の研究した成果などについてもこの形式で発表するようになります．数学科は実験がないので，セミナーがそれに代わる中心的な活動として重視されています．

特に日本では，数学の中で，たとえば代数幾何学や，非線型偏微分方程式論といった，専門分野を決めると，その専門の基礎的な教科書をセミナーでみっちりと学ぶことになっています．私の経験では，あまり外国ではそういうことはしていないようですが，私はこのやり方は日本のやり方の優れた点だと思っています．このセミナーの準備の仕方について説明していきましょう．

まず一番最初に言っておきますが，セミナーの目的は数学的内容をきちんと理解し，それを人にちゃんと説明することです．どんなに変な方法でも，寝ていようと遊んでいようと，これがきちんとできていれば問題はありません[1)]．しかし，学生を見ていると，どんなふうにやったらいいのか

1）もっとも，あまりいいかげんにやってもできてしまうのなら，それはテキストがやさしすぎるということなので，もっと難しいものにした方がいいと思いますが．

よくわからないという人が，少なからずいるように思えます．そこで，具体的な準備の仕方について詳しく説明してみようというのがこの文章の目的です．

数学的内容を理解するとは

まず，当然書いてある数学的内容を理解することが第一歩ですが，一般的に言って「理解する」ということの認識が甘い学生が非常に多いように思います．たとえば，高校の数学についてであれば，教科書のあるページをぱっと開いて，ここの計算はなぜこうやっているんですか，と数学科の大学生に聞けばちゃんと答えられるはずです．また，複雑な公式などは忘れてしまっていても，落ち着いて考えれば自分で導き出せるはずです．これが「わかっている」という状態であって，大学(院)の数学でも当然このような状態に持って行かなくてはいけません．

しかし現実には，なんだかよくわからないけれど，先生がそういうから(あるいは本にそう書いてあるから)こういうもんなんだろう，といった態度で大学の試験を乗り越えてきた人がたくさんいるようです．そういうのは数学を勉強する態度として根本的に間違っています．数学は非常に長い理論でも，1か所でたらめなことをすれば，全体がめちゃくちゃになってしまうものですから，「1行もごまかさない読み方」というのを身につけないといけません．

具体的には，本に「明らかに何々である」とか，“It is easy to see …”，“We may assume that …”，“It is enough to show …” などと書いてあるところはすべて，なぜそうなのかを徹底的に考えなくてはいけません．

教員の側から見れば，こういうところはかっこうの突っ込み場所で，学生がごまかそうとすればすぐに，「なぜですか」と聞くことになります．よく慣れている人には明らかでも，初めて学ぶ人にとってはちっとも明らかでないことはいくらでもあるし，詳しく説明するのはめんどうだという著者の手抜きによって，簡単に書いてあることもあります．著者の勘違いやミスプリントで，そもそも書いてあることが間違っているというのも珍しくはありません．また，必要な予備知識が欠けていて理解できないということもあるでしょう[2)]．こういうところは，どう聞かれてもすぐに答えられるように準備をしておく必要があります．

自分の知らない定理や定義を使っているところがあれば，当然本で調べたり人に聞いたりして理解しなくてはいけません．定義や定理を知らなければその部分が理解できないに決まっているのですから，そういうところを素通りするのは絶対にいけません．大学には膨大な図書があり，先生や先輩がそろっているのですから，それらを有効に使わないのはまったく無駄なことです(最近ではネットでも簡単にいろいろ調べられるので，有益な場合もありますが，ネット情報の質はまったく玉石混淆です)．そして「全部完全にわかった」という状態になるまで，考えたり，調べたり，人に聞いたりするのをやめてはいけません．「自分は本当にわかっているのか」と言うことを徹底的に自問して「絶対にこれで大丈夫だ」と思えるようになる必要があります．「だいたいこうみたいですけれど，これでいいのでしょうか」などとセミナー本番で言うのは(たとえ結果的に正しいことを言っていたとしても)何もわかっていないのと同じです．「完全に正しいと断言できる」ということと「自分にはわかっていない」ということの違いが自分ではっきりとつけられるようにならなくては何も始まりません．そもそも，自分がわかっていない，ということがわかっていない学生が多いのは残念なことです．あいまいな状態のまま，セミナー本番に臨むようなことは論外だと思ってくれなくては困ります．

本の数学的密度は千差万別なので，量的なことを一般的に言ってもあまり意味がありませんが，数百ページの本を1年かけて読む，というのがよくあるペースでしょう．そうすると，おおざっぱに言って1回に10ページくらい進むことになります．1回というのは時間にすると1時間半や2時間くらいになると思いますが，このペースは相当に大変なものです．数学の本は小説とは違いますから，すらすら読めることはまずありえないことで，ある1

2）まったく予備知識が足りないのであれば，そもそもテキストの選び方が不適切ですが，一方，ある程度以上の本であれば，予備知識が100％足りているということもなかなかないものです．

行に何時間も何日も考えるというのはあたりまえのことです．自分の読むスピードが遅いと言って心配する人がいますが，そういう心配はまったく無用です．きちんと理解するのに時間がかかるのは当然のことで，あなたが21世紀を代表するような天才でない限り，初めて学ぶ内容の本をすらすら読めると言うのは，たいしたことが書いていないか，本当はわかっていないのをごまかしているかのどちらかです．

セミナーの発表では，1か所でもごまかそうとしたところで引っかかればまったく何も進まなくなってしまうので，私の担当したセミナーでも2時間で1/4ページしか進まないというような例がいくつかありました．こうなってしまうと，学生と教官の双方にとって苦痛になるだけで，セミナーは崩壊します．

本の言葉から自分の言葉へ

さて，上のような心がけのもと，本に書いてあることがちゃんとわかったという確信が持てたとしましょう．ここまででもなかなか大変なことですが，それでもまだ準備は終わりではなく，始まったばかりなのです．私は自分のセミナーでは，本やノートを何も見ないで発表するように学生に言っています．これを「内容を丸暗記しろ」ということだと誤解する学生がよくいますが，そうではありません．理論のからくりがしっかりわかっていれば，何も見なくても人にきちんと説明できるはずだし，細かい式などはその場で計算すればいいのです．私は学生のころにこういうセミナーの仕方を身につけてよかったと思っているので，学生にもそうするように言っています．

一番いいかげんなやり方は，テキストに書いてあることをそのままノートに写してきて，セミナーではそれをそのまま黒板に写すというようなやり方で，こんなことでは何も身につきません．ですが，何も見ないでやれ，と言われてもどうやったらそんなことができるのかわからない，という人も多いのではないでしょうか．次にそのやり方を説明しましょう．

まず，わかったと思ったら，次に本を閉じて，ノートに定義，定理，証明などを順に書き出してみましょう．すらすら書ければO.K.ですが，普通はなかなかそうはいきません．それでも断片的に何をしていたのかくらいは，おぼえているしょう[3]．そうしたら残りの部分については，思い出そうとするのではなく，自分で新たに考えてみるのです．

「どのような定義をするべきか」，

「定理の仮定は何が適当か」，

「証明の方針は何か」，

「本当にこの仮定がないとだめなのか」，

「どのような順序で補題が並んでいるべきか」，….

そうして，筋道が通るように自分で再構成することを試みるのです．これもとうていすぐにはできないでしょう．そこでわからなければ，十分に考えたあとで本を開いてみます．するといろいろな定義，操作，論法の意味が見えてきます．これを何度も，自然にすらすらと書き出せるようになるまで繰り返します．普通，2回や3回の繰り返しではできるようにはならないでしょう．うまくいけば，こういうことをしているうちに，議論や証明に無駄があることに気づいたり，ちょっと違う証明を思いつくこともあります．そういう経験を積むことによって，本当に数学が身につくのです．

さらに，それもできるようになったとしましょう．今度は，紙に書き出すかわりに頭の中だけで考えてみましょう．

「定義は何か」，

「定理の仮定は何か」，

「証明のポイントはどこか」，

といったことを考えてみます．複雑な式変形などは頭の中だけではなかなかできないでしょうが，全体の流れや方針，ポイントは頭の中だけで再現できるものです．できなければ，それはよくわかっていないということですから，本やノートを見て復習し，ちゃんとできるようになるまで繰り返します．

このようにして，何も見ないでセミナーで発表できるようになるのです．数学の論理は有機的につながっていて，定義でも，仮定でも，補題の順番で

3）それもおぼえていなければ，何も頭に残っていないということですから，もう一度初めからやり直しです．

も，何か理由があってそうなっているのですから，全体の構造を理解していれば，正しく再現できるようになります．あるいは，間違えてもすぐに自分で気がつくようになります．

決められた時間内に発表する

これでもまだ準備は終わりではありません．セミナーの時間配分も考える必要があります．たとえば，教員が授業するときでも，学会の発表でも，やるべき内容が先にあり，その時間が決まっているのですから，それに合わせて話ができなくてはいけません．セミナーはその練習でもあります[4)]．自分で，「今回の発表内容はこれだ」という計画を立てて，時間をどういうふうに使うか決めなくてはいけません．具体的には「この証明に 20 分，ここの説明に 15 分」というように，自分できちんとスケジュールを立てることです．そして途中で時計を見ながら，早すぎるとか遅すぎるなどの調整をしていって，最終的にぴったり終わるように持っていきます．計画なしにだらだらと進んでいって時間がきたところでおしまい，というようなことでは，時間を無駄にしているだけです．

最初はどれだけの時間でどれだけの内容を話せるのか，という感覚がつかめないでしょうが，意識して訓練することによってこういう感覚は身につきます．このためにももちろん，数学的内容を完全に理解しておくことが前提となります．時間配分を考えることによって，ここは微妙なポイントだからていねいにやるとか，ここはつまらないから，簡単に済ませる（あるいは飛ばす）とか言ったことも考えるようになります．いろいろ質問も出るかも知れませんが，「何をきいても即答できる」という状態ならば，いくら派手に飛ばしてもかまわないでしょう．

4）日本では，教員でもそういうことのできない人が少なからずいて，講義や講演の時間を派手にオーバーしたりしますが，プロとして恥ずかしいことです．そういうのをまねしてはいけません．

以上のような準備をきちんとするには当然，膨大な時間がかかります．1回の発表のために50時間くらいかかるのは，何も不思議ではないし，100時間かかっても驚きはしません．特に最初の慣れないうちはそうです．実験系統の学生は，朝から晩まで実験しているのですから，数学だってたっぷり時間をかけないと身につかないのは当然です．かなり厳しいことを書きましたが，きちんと準備して楽しくセミナーをやっていって欲しいと思います．

初出・執筆者一覧

第1部　大学数学への心構え

大学数学の学び方 ……『数学セミナー』2023年4月号
大田春外(おおた・はると)　静岡大学名誉教授

講義を最大限に生かすには ……『数学セミナー』2019年4月号
竹山美宏(たけやま・よしひろ)　筑波大学数理物質系教授

数学書の選び方・読み方 ……『数学セミナー』2019年5月号
齋藤夏雄(さいとう・なつお)　広島市立大学大学院情報科学研究科教授

大学数学とどう付き合うか――大学数学の意義 ……『数学セミナー』2019年5月号
永井保成(ながい・やすなり)　早稲田大学理工学術院教授

第2部　大学数学のキーポイント

線形代数 ……『数学セミナー』2019年4月号
原 隆(はら・たかし)　九州大学大学院数理学研究院教授

微分積分で学ぶこと ……『数学セミナー』2019年4月号
原岡喜重(はらおか・よししげ)　城西大学数理・データサイエンスセンター特任教授／熊本大学名誉教授

集合・写像・論理――学びの視点から ……『数学セミナー』2019年4月号
和久井道久(わくい・みちひさ)　関西大学システム理工学部教授

位相・位相空間 ……『数学セミナー』2019年4月号
鈴木正明(すずき・まさあき)　明治大学総合数理学部専任教授

群と環――透き通った言葉として ……『数学セミナー』2019年5月号
諏訪紀幸(すわ・のりゆき)　2022年没

「微分方程式論」の道しるべ ……『数学セミナー』2019年5月号
坂上貴之(さかじょう・たかし)　京都大学大学院理学研究科教授

時代が求める統計学 ……『数学セミナー』2019年5月号
廣瀬英雄(ひろせ・ひでお)　中央大学研究開発機構教授／久留米大学バイオ統計センター客員教授

現代確率論入門――公理的賭博論 ……………………………………………………… 書き下ろし
吉田伸生(よしだ・のぶお)　名古屋大学大学院多元数理科学研究科教授

複素関数論入門 ……………………………………………………『数学セミナー』2019 年 5 月号
木坂正史(きさか・まさし)　京都大学大学院人間・環境学研究科教授

物理数学 ……………………………………………………………『数学セミナー』2019 年 5 月号
西野友年(にしの・ともとし)　神戸大学大学院理学研究科准教授

ガロア理論――数学の 1 つの行動原理の体験ツアー ………………………………… 書き下ろし
増岡 彰(ますおか・あきら)　筑波大学数理物質系教授

測度とルベーグ積分 ……………………………………………………………………… 書き下ろし
斎藤新悟(さいとう・しんご)　九州大学基幹教育院准教授

曲線・曲面・多様体――現代幾何学の入り口 ………………………………………… 書き下ろし
藤岡 敦(ふじおか・あつし)　関西大学システム理工学部教授

第 3 部　身につけておきたい理系マニュアル

メモやノートを取りましょう ……………………………………………………『数学ガイダンス 2018』
西野哲朗(にしの・てつろう)　電気通信大学名誉教授

数学記号とギリシャ文字について ………………………………………………『数学ガイダンス 2018』
間瀬 茂(ませ・しげる)　東京工業大学名誉教授

レポートを書くための TEX 超入門
……………………………………『数学ガイダンス 2018』+『数学セミナー』2020 年 12 月号
阿部紀行(あべ・のりゆき)　東京大学大学院数理科学研究科教授

数学動画の視聴・配信のすすめ ……………………………………『数学セミナー』2020 年 12 月号
古賀真輝(こが・まさき)　甲陽学院中学校・高等学校教諭

数学ソフトウェアのすすめ ………………………………………………………『数学ガイダンス 2018』
濱田龍義(はまだ・たつよし)　日本大学生物資源科学部教授

理系大学生に必要なプログラミングとは――P さんとの対談から ………………… 書き下ろし
横山俊一(よこやま・しゅんいち)　東京都立大学大学院理学研究科准教授

セミナーの準備はここまでしておきたい! ……………………………………『数学ガイダンス 2018』
河東泰之(かわひがし・やすゆき)　東京大学大学院数理科学研究科教授

大学数学ガイダンス

2024年4月5日　第1版第1刷発行

編者 ――――― 数学セミナー編集部

発行所 ――――― 株式会社　日本評論社
〒170-8474　東京都豊島区南大塚3-12-4
電話　(03) 3987-8621［販売］
　　　(03) 3987-8599［編集］

印刷所 ――――― 精興社

製本所 ――――― 井上製本所

装丁 ――――― 山田信也（ヤマダデザイン室）

ISBN 978-4-535-79020-9